普通高等教育"十一五"国家级规划教材配套用书

高等院校计算机基础教育规划教材·精品系列

大学计算机基础实验教程
（第九版）

DAXUE JISUANJI JICHU SHIYAN JIAOCHENG

柴 欣 劳 眷 滕金芳◎主 编

石 娟 姚 怡 焦小焦 柳永念◎副主编

U0180433

中国铁道出版社有限公司
CHINA RAILWAY PUBLISHING HOUSE CO., LTD.

内 容 简 介

本书是主教材《大学计算机基础教程》（第九版，柴欣、姚怡主编）的配套教材。采用的软件版本为 Windows 10、Python 3.6.3、Photoshop CC 2018 和 Dreamweaver CC 2018。

全书分为实验、习题和模拟测试题三部分。实验部分包含 19 个精心设计的实验；习题部分的内容编排与主教材的章节相呼应，题量过千，题型多样，包括单选题、填空题、判断题、问答题、编程题等；模拟测试题部分包含 2 套笔试模拟测试题。书的最后还给出了习题、模拟测试题两个部分的参考答案。

本书选题经典，实验安排恰当，符合多层次分级教学的需求，可作为高等院校计算机基础实验课程的教材，也可作为各类计算机应用人员的参考用书。

图书在版编目（CIP）数据

大学计算机基础实验教程/柴欣，劳眷，滕金芳主编. —9版. —北京：
中国铁道出版社有限公司，2020.8
高等院校计算机基础教育规划教材. 精品系列
ISBN 978-7-113-27030-8

Ⅰ.①大… Ⅱ.①柴…②劳…③滕… Ⅲ.①电子计算机-高等学校-
教材 Ⅳ.①TP3

中国版本图书馆CIP数据核字(2020)第115359号

书　　　名：大学计算机基础实验教程
作　　　者：柴　欣　劳　眷　滕金芳

策　　　划：魏　娜　刘丽丽　　　　　　　　　编辑部电话：（010）51873202
责任编辑：刘丽丽
封面设计：付　巍
封面制作：刘　莎
责任校对：张玉华
责任印制：樊启鹏

出版发行：中国铁道出版社有限公司（100054，北京市西城区右安门西街8号）
网　　　址：http://www.tdpress.com/51eds/
印　　　刷：北京柏力行彩印有限公司
版　　　次：2006年8月第1版　2020年8月第9版　2020年8月第1次印刷
开　　　本：787 mm×1 092 mm　1/16　印张：11　字数：265 千
书　　　号：ISBN 978-7-113-27030-8
定　　　价：35.00 元

版权所有　侵权必究

前　言

　　本书是主教材《大学计算机基础教程》（第九版，柴欣、姚怡主编）的配套教材，旨在通过一定量的实验和习题，有效提高学生的计算能力，以及利用信息技术分析和解决问题的能力。

　　本书分为实验、习题和模拟测试题三部分，采用模块化编写方式，可适应多层次分类实验教学，满足不同学时的实验教学要求和不同基础学生的学习需求。

　　本书大部分实验的编写颠覆了普通实验指导书的步骤演示风格，改用布置任务或提问求解的形式，注重学生的自我思考和动手参与，可最大限度地激发学生的学习兴趣。实验内容涵盖了主教材的大部分操作性知识点和主教材尚未收录但在实际应用中比较常见的操作技能知识点，使学生通过实践操作环节，快速掌握计算机应用技术，并能灵活运用计算机技能解决实际问题。

　　实验部分采用的软件版本为 Windows 10、Python 3.6.3、Photoshop CC 2018 和 Dreamweaver CC 2018，共设计 19 个实验，内容包括：

　　（1）网络基础（3 个实验）；

　　（2）Python 程序设计入门（6 个实验）；

　　（3）Python 计算生态和数据智能分析（3 个实验）；

　　（4）图像处理 Photoshop（3 个实验）；

　　（5）Web 前端网页设计（4 个实验）。

　　习题部分的题型包括单选题、判断题、填空题、问答题和编程题等，以进一步深化学生对计算思维、计算机相关理论知识的理解。习题的内容编排与主教材的各章节知识点相对应，其中：

　　第 1 章 计算机概论（255 题）；

　　第 2 章 初识网络（165 题）；

第 3 章 Python 程序设计入门（202 题）；

第 4 章 Python 计算生态和数据智能分析（64 题）；

第 5 章 图像处理 Photoshop（292 题）；

第 6 章 Web 前端网页设计（256 题）；

第 7 章 IT 新技术（52 题）。

模拟测试题部分提供 2 套笔试模拟测试题，采取了模块化测试的方式。

书后附有习题(选择题、判断题、填空题)和模拟测试题两个部分的参考答案，方便学生对本书相关知识点和应用能力进行自测。

参加本书编写的都是长期从事计算机基础教育一线教学的高校教师。本书由柴欣、劳眷、滕金芳任主编，由石娟、姚怡、焦小焦、柳永念任副主编。本书配备相应的实验素材，读者可在中国铁道出版社有限公司资源网站上免费下载。下载地址为 www.tdpress.com/51eds/。

由于时间仓促，编者水平有限，书中难免有疏漏与不妥之处，恳请广大读者批评指正，并提出宝贵的意见和建议。

编　者

2020 年 7 月

目 录

第 1 部分 实 验

第 2 部分　习　　题

第 3 部分　模拟测试题

第1部分 实　验

实验 1　Windows 内部网络的使用

Windows
内部网络的
使用

一、实验目的

1. 掌握在 Windows 中资源共享的设置方法。
2. 掌握共享资源的使用方法。
3. 了解相关的网络命令的使用。

二、实验内容

1. 查看所使用计算机的完整的计算机名称和所在工作组，填写到下面。

完整的计算机名称：＿＿＿＿＿＿＿＿＿＿＿＿，工作组：＿＿＿＿＿＿＿＿＿＿＿＿。

操作提示：右击"开始"→选择"系统"→"系统信息"。或者"控制面板"→"系统"。

2. 检查所使用计算机的网络设置和 TCP/IP 协议的属性信息。

操作提示：右击"开始"→选择"网络连接"→"查看网络属性"。或者打开控制面板中的"网络和共享中心"→选择"本地连接属性"→"详细信息"。

（1）查看所用计算机的 TCP/IP 协议的属性信息，填写到下面。

IP 地址：＿＿＿＿＿＿＿＿＿＿　　　　子网掩码：＿＿＿＿＿＿＿＿＿＿

网关地址：＿＿＿＿＿＿＿＿＿＿　　　域名服务器：＿＿＿＿＿＿＿＿＿＿

（2）在命令行方式下，使用命令 ipconfig 再次查看所用计算机的 TCP/IP 协议的属性信息，并根据信息填写所用计算机的网卡 MAC 地址（物理地址）。

MAC 地址：＿＿＿＿＿＿＿＿＿＿

操作提示：右击"开始"→选择"运行"，输入 cmd 进入命令行方式，运行"ipconfig/all"可显示有关信息，结果类似图 1-1 所示。

（3）在命令行方式下，使用 ping 命令测试所用计算机与网络中其他计算机的连接信息，网络正常的测试结果类似图 1-2 所示。

操作提示：ping 命令的基本用法是"ping 对方计算机 IP"，可以通过运行"ping /?"查看其更多用法。

3. 资源共享的实现。

（1）进行资源共享前的网络高级共享设置。

操作提示：右击"开始"→选择"设置"→"网络和 Internet"→"网络和共享中心"→"更改高级共享设置"，展开"家庭或工作"的相关选项内容，分别启用"网络发现"和"文件共享和打印"选项，关闭"密码保护的共享"，并允许 Windows 管理家庭级连接。

（2）启用网络访问的来宾账户 Guest。

操作提示：右击"开始"→选择"计算机管理"，在弹出的窗口中选择"本地用户和组"→"用户"。然后，在右侧双击 Guest，在弹出的对话框中清除对"账户已禁用"的勾选，再确认"密码永不过期"项已经勾选，如图 1-3 所示。

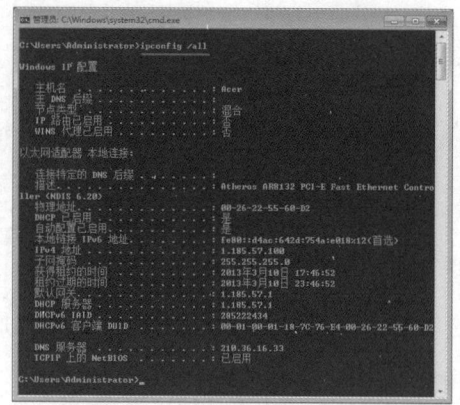

图1-1　ipconfig /all 命令结果

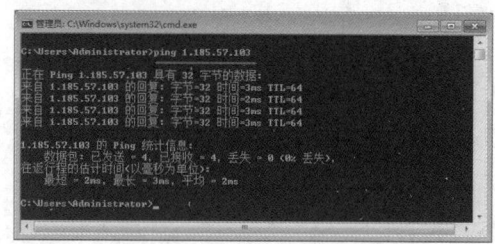

图1-2　ping 命令执行结果

（3）对指定文件夹进行共享。

在计算机D盘创建两个名为Share1和Share2的文件夹，从其他文件夹中选择几个文本文件、图片文件复制到D:\Share1文件夹内，选择几个需要共享的Office文档复制到D:\Share2文件夹内，分别作为共享的资源。

设置 D:\Share1 文件夹为共享文件夹，共享名为Share1，允许网络用户Guest对该资源有"读取/写入"权限。

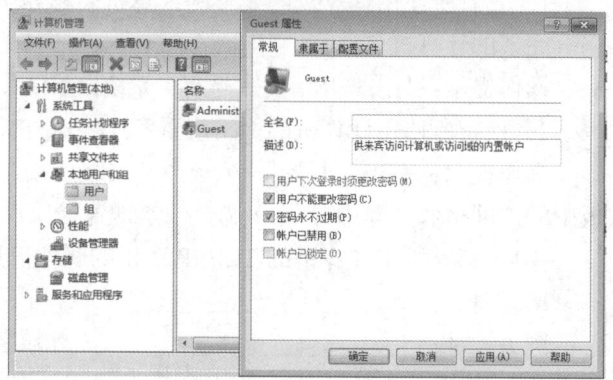

图 1-3　"Guest 属性" 对话框

再设置 D:\Share2 文件夹为共享文件夹，共享名为Share2，允许网络用户 Guest 对该资源只有"读取"权限。

4. 访问网络内其他计算机的共享资源。

（1）选择计算机桌面上的"网络"（如果桌面上没有"网络"图标，则单击任务栏的"文件资源管理器"按钮，左窗口出现"网络"），访问某一台计算机已共享的资源 Share1 和 Share2，在其中创建以自己计算机名为名称的文件夹，并对共享资源内的文件进行修改内容、改名、删除、设置文件属性等操作，观察是否操作成功。

（2）将对方计算机共享资源 Share1 映射为网络驱动器 Z 盘。

操作提示：右击对方计算机共享资源 Share1，执行相应命令。

（3）双击桌面上的"计算机"图标，访问 Z 盘，在其中创建一个 Word 文档，观察操作结果。

5. 在"计算机管理"窗口查看，并在表 1-1 中记录所用计算机已共享资源的信息。

表 1-1　共享资源信息

共 享 名	文件夹路径	类 型

操作提示：右击"开始"→选择"计算机管理"，进入"计算机管理"窗口，选择左边目录树中的"共享文件夹"内的"共享"，可查看相应信息，如图 1-4 所示。

6. 操作系统安全性设置。

（1）设置账户策略，要求密码长度最少为 8 个字符，密码必须符合复杂性要求，并且如果 3 次登录无效，就锁定该账户 10 min。

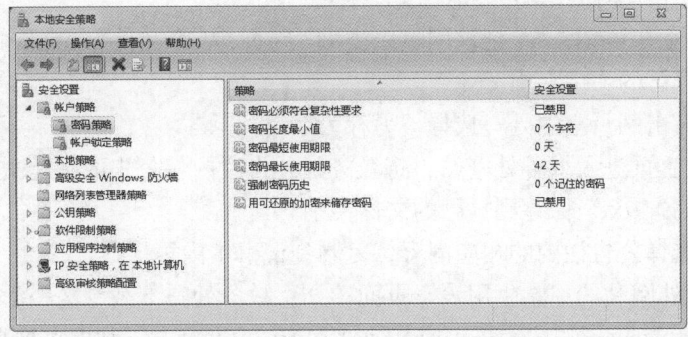

图1-4　共享信息

操作提示：右击"开始"→选择"设置"→查找设置输入"管理工具"，或者选择"控制面板"→"管理工具"，然后选择"本地安全策略"→"账户策略"，如图 1-5 所示，分别对"密码策略"和"账户锁定策略"的列表参数进行相应设置即可。

图1-5　"本地安全策略"窗口

（2）设置本地策略，要求只有 administrator 可以从远端系统强制关机、对备份和还原权限的使用进行审核。

操作提示：打开"本地安全策略"→选择"本地策略"，分别对"用户权限分配"和"安全选项"的列表参数进行相应设置即可。

（3）设置本地组策略，要求禁止修改浏览器主页，主页只能是 http://www.gxu.edu.cn/。

操作提示：右击"开始"→选择"运行"，输入组策略编辑器 gpedit.msc，打开"本地计算机策略"→选择"用户配置"→"管理模板"→"Windows 组件"→"Internet Explorer"，对"禁用更改主页设置"参数进行相应设置即可。

三、思考题

1. 如何查找网络上的一台计算机？
2. 设置 DNS 服务器有什么用途？
3. 如何获得某已知域名计算机的 IP 地址？
4. 删除所访问计算机共享文件夹中的文件或子文件夹后，能否利用回收站恢复？
5. 如何设置只能允许账户 Guest 从网络访问此计算机？

实验 2　网页浏览与电子邮件的使用

一、实验目的

1. 掌握 Microsoft Edge 浏览器的使用。
2. 了解 Microsoft Edge 浏览器有关技巧的使用。
3. 掌握电子邮件及邮件客户端软件的使用方法。

网页浏览与
电子邮件的
使用

二、实验内容

在 D 盘（或其他指定盘符）创建一个自己用于保存操作结果的文件夹，并完成以下操作。

1. Microsoft Edge 浏览器的使用。

（1）启动 Microsoft Edge，访问学校主页（www.gxu.edu.cn），将主页上方带有校徽的图片用文件名"校徽"以默认类型保存到自己的文件夹中。

操作提示：右击图片→选择"将图像另存为"。

（2）访问学校图书馆网站，把该网页以类型"网页，单个文件（*.mhtml）"、文件名"图书馆"，保存到自己的文件夹中。

操作提示：右击网页空白处→选择"另存为"。

（3）由学校主页进入教务处网站，将教务处公告栏内各公告的标题文字、公告日期等内容以文件名"公告 .txt"保存到自己的文件夹中。

操作提示：选择公告栏内的相应内容，复制到记事本内再保存。

（4）在教务处网站的"学生用表"页面（如：教务处→下载专区→学生用表），找到文件"办理学历学位证明书申请表"（或其他感兴趣的文件）并下载保存到自己的文件夹中，将文件重命名为"申请表"，类型选择默认项。

2. Microsoft Edge 浏览器的相关使用技巧。

（1）在浏览器中将学校主页、图书馆网址添加到收藏夹。

（2）管理收藏夹：在收藏夹中建立名为"学校"的文件夹，将收藏夹内的学校主页、图书馆网址移动到"学校"文件夹中，并删除收藏夹中其余收藏的网址。

（3）把学校图书馆首页设置为浏览器主页。

操作提示：选择"设置"→"启动时"→"打开一个或多个特定页面"→删除原来的主页，输入新主页 http://www.lib.gxu.edu.cn/。

（4）清除计算机上的浏览历史记录，清除计算机上浏览器的临时文件。

操作提示：单击右上角"…"按钮→选择"历史记录"→"清除浏览数据""→"时间范围"。

（5）查看图书馆首页的 HTML 源文件。

操作提示：右击→选择"查看页面源代码"，就可以查看网页 HTML 代码。

（6）朗读广西大学主页。

操作提示：打开广西大学主页，右击→选择"大声朗读"。如果只朗读部分内容，则选择所要朗读的内容，然后右击→选择"朗读所选内容"。

3. 利用浏览器收发电子邮件。

（1）在浏览器中登录自己的互联网邮箱（如 163 邮箱、新浪邮箱、QQ 邮箱等），给同组的同学发一封电子邮件，正文是"我们正在学习使用电子邮件！"，附件为自己文件夹中的校徽文件。

（2）检查邮箱中的参数设置，并开启邮箱的 POP3/SMTP 服务。

（3）在邮箱中浏览邮箱的帮助信息，查找到关于"邮件客户端软件设置"的内容。

（4）接收、阅读并回复同学发来的电子邮件，回复内容"谢谢，邮件已收到！"。

4．利用邮件客户端软件（如 Foxmail 等）收发电子邮件。

（1）启动邮件客户端软件，根据刚查看的邮箱帮助信息，在邮件客户端软件中添加自己的邮箱。

操作提示：要注意接收邮件服务器、发送邮件服务器的填写，以及发送邮件时是否需要身份验证。添加邮箱完成后，务必在账户属性中勾选"在服务器上保留副本"选项，以便在邮箱中保留原始邮件。

（2）将同学的电子邮箱添加到邮件客户端软件的通讯簿中。

（3）接收邮箱内的邮件到此计算机，将接收到的一封邮件以文件名"邮件 2.eml"保存到自己的文件夹中。

（4）按以下要求新建一个电子邮件。

> 主题：资料
> 收件人：（同组同学的邮箱地址，从通讯簿中选择）　抄送：（另一同学的邮箱地址）
> 邮件正文：同学，你好！
> 现将上网查到的资料发送给你，见附件。
> （学生姓名）
> （实验当天日期）

（5）将自己文件夹中的申请表和公告文件添加为邮件的附件。

（6）把此邮件以文件名"邮件 3.eml"保存到自己的文件夹中。

（7）发送此电子邮件。

三、思考题

1．在网页上单击超链接时，如何将要浏览的内容显示在新窗口中？

2．Edge 浏览器中的"前进""后退"按钮有何作用？

3．如何获得某已知域名的计算机的 IP 地址？

4．如何删除"已删除邮件"文件夹中的所有邮件？

5．在查看邮件时，如何知道该邮件带有附件？如何保存附件？

实验 3　网络信息获取

一、实验目的

1．熟练掌握专业数据库 CNKI（中国国家知识基础设施工程）的基本使用方法。

2．掌握常用搜索引擎的搜索语法的使用方法。

3．网络信息检索的利用。

二、实验内容

网络信息获取

在 D 盘（或其他指定盘符）创建一个自己用于保存操作结果的文件夹，并完成以下操作。

1. 网络资源库的使用，以 CNKI 为例。

（1）利用学校图书馆的 CNKI 数据库，搜索 2015 年以来、关键词中包含"虚拟现实"（英文为 virtual reality）的国际会议论文。

（2）在上述的搜索结果中，再搜索出关键词包含 education 的相关论文，选择其中一篇论文全文以 PDF 格式下载并保存到自己的文件夹。

2. 利用搜索引擎（以下所有提示专指百度搜索）检索信息。

（1）搜索包含关键字"公务员考试"的网页，并设定搜索的网页中要包含"考试前的准备工作"的完整关键词，将搜索结果的第一个页面以类型"网页，单个文件（*.mhtml）"、文件名"result-1"保存到自己的文件夹中。

操作提示：用双引号语法精确匹配完整关键词。

（2）在新浪网站中搜索包含关键字为"公务员考试"的网页，将搜索结果的第一个页面以类型"网页，单个文件（*.mhtml）"、文件名"result-2"保存到自己的文件夹中。

操作提示：用 site 语法限定特定站点。

（3）搜索包含"中国"和"经济"，但不包含"文化"和"政治"词汇的网页，将搜索结果的第一个页面以类型"网页，单个文件（*.mhtml）"、文件名"result-3"保存到自己的文件夹中。

操作提示：用减号语法去掉特定关键词。

（4）在互联网中搜索包含关键词"南海"的 PPT 文档，将搜索结果的第一个页面以类型"网页，单个文件（*.mhtml）"、文件名"result-4"保存到自己的文件夹中。

操作提示：用 filetype 语法限定文档类型。

（5）检索标题中包含"奥运会""中国""经济""影响"等关键词的网页，获取关于"举办奥运会对中国经济的影响"的资料，将搜索结果的第一个页面以类型"网页，单个文件（*.mhtml）"、文件名"result-5"保存到自己的文件夹中。

操作提示：用 intitle 语法限定搜索的网页标题。

（6）检索最近一个月中包含"南海""中国""行动"等关键词的网页，将搜索结果的第一个页面以类型"网页，单个文件（*.mhtml）"、文件名"result-6"保存到自己的文件夹中。

操作提示：使用高级搜索。

（7）检索在落日时分的海湾图片，将搜索到的第一个图片，以文件名"result-7"保存到自己的文件夹中。

操作提示：使用图片搜索功能搜索或者进入专业图片网站内搜索。

3. 网络信息检索和利用。

试查找一种自己喜爱的运动方式，提供这种运动方式的由来、技术、注意事项及有关图片等。将信息整理成 1 000 字左右、组织合理的科技文档（按科技论文格式），以查找的运动名称作为文件名的 Word 文档保存到自己文件夹中。

4. 利用手机完成旅游线路规划。任务：从南宁当前位置出发，到杭州西湖旅游，用手机进行信息检索规划线路。

（1）搜索飞机航班（可在携程、航空公司官网等搜索），选定最合适的航班（时间少、价格优惠）：写出航班号、价格、预计到达时间。

（2）假设从当前位置自驾汽车到达南宁吴圩机场：使用百度地图导航，写出时间最少的线路详情。

（3）假设已达到杭州萧山机场，使用百度地图搜索，写出到西湖风景区时间最少的线路详情（公交、地铁线路）。

（4）乘坐公交、地铁用手机支付须预先在支付宝里设置。打开"支付宝"→"出行"，点击"查看全部交通卡"，选择"杭州"，开通"杭州通支付宝公交卡"和"杭州地铁乘车码"，完成设置后可扫码乘车。

（5）假设已到达西湖风景区，打算在附近住宿，用携程、百度地图、高德地图等搜索附近声誉较好的宾馆，写出宾馆名称及价格，并比较不同搜索软件的搜索结果。

三、思考题

1. 搜索引擎最基本的检索方式有哪些?

2. 大部分搜索引擎都支持逻辑运算符，若要查找"计算机软件、计算机网络，但不需要计算机硬件"，应该如何写出其查找检索式?

3. 除了网络资源还有哪些获取信息的途径? 你使用过其中的哪些途径?

4. 如何用手机百度地图分辨方向?

实验 4　Python 程序编写与调试

一、实验目的

1. 熟悉 Python 的 IDLE 集成开发环境的使用。

2. 熟悉在 Python 中建立程序文件和调试程序的方法。

3. 了解 Python 的 turtle 模块的使用 。

4. 培养编写程序的思维方法，初步具备简单编程的能力。

Python 程序
编写与调试

二、实验内容

1. 在 IDLE 中练习使用 print 命令，依次通过 print 命令分别输出以下三个结果：

```
I am a student
他身兼多职：作家 \\ 歌唱家 \\ 雕塑家!
aa\nn\rr
```

在输入过程中，尝试用【Alt+P】组合键调出上一次输入的命令进行修改。

2. 若已执行以下语句：

```
a='I'
b='love'
c='you'
```

则通过变量 a、b、c 和 print 函数相结合，可输出结果为 'I love you' 的程序语句是：

3．执行以下语句后：

```
name='李四'
hello='你好'
num=5
```

请写出下列语句的输出结果并上机验证。

（1）print(name+'，'+hello+'！') 的输出结果：＿＿＿＿＿＿＿＿＿＿＿＿＿＿

（2）print(hello*num) 的输出结果：＿＿＿＿＿＿＿＿＿＿＿＿＿＿＿＿＿＿

（3）print(int((num+2)/2)) 的输出结果：＿＿＿＿＿＿＿＿＿＿＿＿＿＿＿

（4）print(len(name)) 的输出结果：＿＿＿＿＿＿＿＿＿＿＿＿＿＿＿＿＿

4．执行以下语句后：

```
a=15
b=12345678.1234567
str="12345"
```

请写出下列语句的输出结果并上机验证。

（1）print("a={0:05}".format(a)) 的输出结果：＿＿＿＿＿＿＿＿＿＿＿＿

（2）print("b={0:,.3f}".format(b)) 的输出结果：＿＿＿＿＿＿＿＿＿＿＿

（3）print("a=%05d"%a) 的输出结果：＿＿＿＿＿＿＿＿＿＿＿＿＿＿＿

（4）print("b=%8.3f"%b) 的输出结果：＿＿＿＿＿＿＿＿＿＿＿＿＿＿＿

（5）print(str[::-1]) 的输出结果：＿＿＿＿＿＿＿＿＿＿＿＿＿＿＿＿＿

（6）print(str[2:-1]) 的输出结果：＿＿＿＿＿＿＿＿＿＿＿＿＿＿＿＿＿

（7）print(eval(str+'5')+5) 的输出结果：＿＿＿＿＿＿＿＿＿＿＿＿＿＿

5．获得用户的输入当作填充符号，以30字符宽居中输出PYTHON字符串。请完善代码。

```
a=input("请输入填充符号：")
s="PYTHON"
f=＿＿＿＿＿＿＿＿＿
print(f.format(s))
```

6．新建一个 Triangle.py 程序文件，输入以下画三角形的代码，存储到自己的文件夹并调试运行。

```
from turtle import *
forward(200)
left(120)
forward(200)
left(120)
forward(200)
```

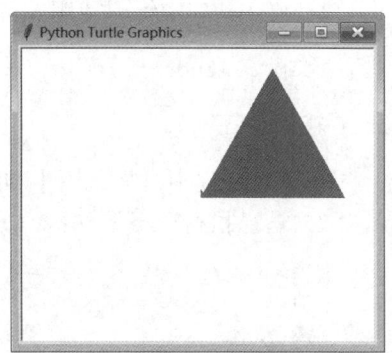

7．编程：修改上面画三角形的程序，使画出的是图4-1所示的红色填充的三角形，请写出此程序的代码。

图4-1　画三角形

8. 根据图 4-2 所示环形的程序，请在横线处填上适当语句将程序补充完整，并调试运行。

```
from turtle import*
circle(150)
_____
left(90)
forward(50)
_____
_____
circle(100)
```

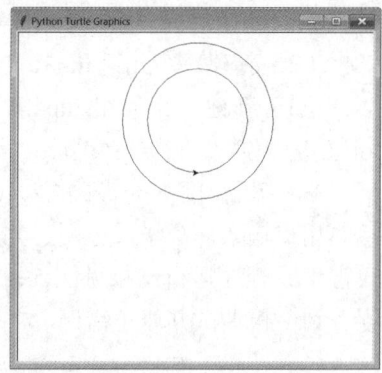

图4-2　画环形

> **提示：**若无法一次将上面空白全部正确补上，可以逐句填写不断调试，并根据程序运行结果进行更正。

三、思考题

1. 上述第 6 题画出的三角形位于窗口右侧，能否让其居中显示？
2. 如何改写程序，使得上面第 8 题的环形变为指定颜色的圆环？
3. 输出文字时如何用 print() 函数实现换行？

实验 5　变量、列表、元组、集合和字典的使用

一、实验目的

1. 熟悉 Python 中变量和列表的定义与使用。
2. 掌握 Python 中从键盘接收用户输入的相关语句。
3. 掌握有关列表、元组和字典的操作。

二、实验内容

1. 在 IDLE 中定义了两个列表：

```
list1=['足球','游泳','唱歌','围棋']
list2=['张三','李四','王五','赵六']
```

若要实现下列情形，请利用两个列表的元素，写出对应程序语句：
（1）输出"张三游泳，王五唱歌"：_____
（2）在 list1 末尾增加元素"羽毛球"：_____
（3）在"王五"前插入元素"陈明"：_____
（4）删除 list1 中的 '围棋' 元素：_____

2. 在 IDLE 中定义了两个元组：

```
tup1=('足球','游泳','唱歌','围棋')
tup2=('张三','李四','王五','赵六')
```

若要实现下列情形，请利用两个元组的元素，依次写出对应程序语句：

（1）输出"('游泳','唱歌','围棋')"：_____

（2）新建一个元组 tup3，仅包含一个元素"喜欢"：_____

（3）新建一个元组 tup4，将 tup1、tup2、tup3 连接起来，包含元素 ('张三','李四','王五','赵六','喜欢','足球','游泳','唱歌','围棋')。

3. 华氏温度 F 与摄氏温度 C 的转换公式为：C=(F-32)*5/9。下面这个程序的功能是：接收用户输入一个华氏温度，并将其转换为摄氏温度，程序运行结果见图 5-1。程序中有错误，请上机调试并修正错误。

```
F=input('请输入一个华氏温度: ')
F=float()
c=(F-32)*5/9
print('%s度的华氏温度, 对应的摄氏温度是 %f度 ',F,c)
```

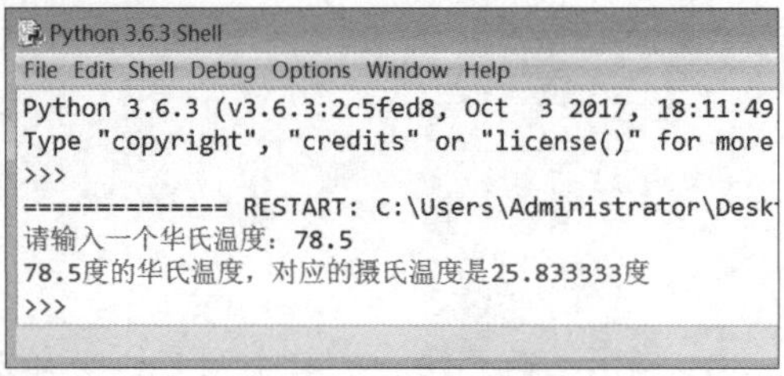

图 5-1　程序运行结果

4. 以下是一个有关字典操作的程序，根据程序中注释语句的提示，在横线处填上正确的语句，并上机调试验证。

```
d={'one':1,'two':2,'three':3,'four':4,'five':5 }
print(d['two'])                          # 输出 2
_____                 # 输出 3
_____                 # 添加字典信息 'six':6
_____                 # 删除键 'three'
d2={}
d2=d
print(d2)
_____                 # 清空字典 d
print(d2)
```

5. 以下是一个有关集合操作的程序，根据程序中注释语句的提示，在横线处填上正确的语句，并上机调试验证。

```
a={1, 2, 3, 4, 5}
b={1, 2, 6, 7, 8}
c=[123,4,56,4,4,123,34,4,56]
_____                 # 集合 a 添加元素 6
_____                 # 集合 b 删除元素 6
_____                 # 求集合 a 和 b 的交集
_____                 # 生成空的集合 d
_____                 # 将列表 c 转换成集合 d
_____                 # 输出集合 d
```

6. 编写程序输出下列数学表达式的值，保留 3 位小数。（提示：使用语句 from math import* 装入 math 库后可直接使用求平方根函数 sqrt( )、sin( )、cos()、pi。）

（1）求 $s1=\dfrac{x}{y}+(5z+14)^2$，其中 x=3，y=7，z=1。

（2）求 $s2=\sin x\cos y+\dfrac{\sqrt{2}}{4}$，其中 $x=\dfrac{\pi}{4}$，$y=\dfrac{\pi}{6}$。

三、思考题

1. int(N) 可实现对数字 N 取整，请问取整时是否四舍五入？
2. 列表和元组在使用上有什么区别？
3. Python 中的变量命名有什么规则？
4. 请思考上面第 4 题倒数第三条和最后一条的语句 print(d2)，为什么输出内容不一致？

实验 6　分 支 语 句

一、实验目的

1. 掌握 Python 语句块的缩进形式和应用场合。
2. 掌握 Python 的简单 if 条件语句的语法。
3. 灵活运用 if…else 语句、if…elif 语句构造选择结构。

二、实验内容

1. 下面这段程序实现的功能是：从键盘依次输入两个整数，经过比较后，按大小顺序将这两个整数输出。程序有错误，请修正后上机调试运行。

```
x=input('请输入第 1 个整数：')
y=input('请输入第 2 个整数：')
if y>x
    print('从大到小输出结果：',x,y)
else
    print('从大到小输出结果：',y,x)
```

2. 某公司规定，员工请假需经由上级批准，且根据请假天数的不同需要找不同级别的上级审批，并按请假天数扣发奖金。请根据流程图（见图 6-1）和程序运行效果图（见图 6-2）写出程序代码。

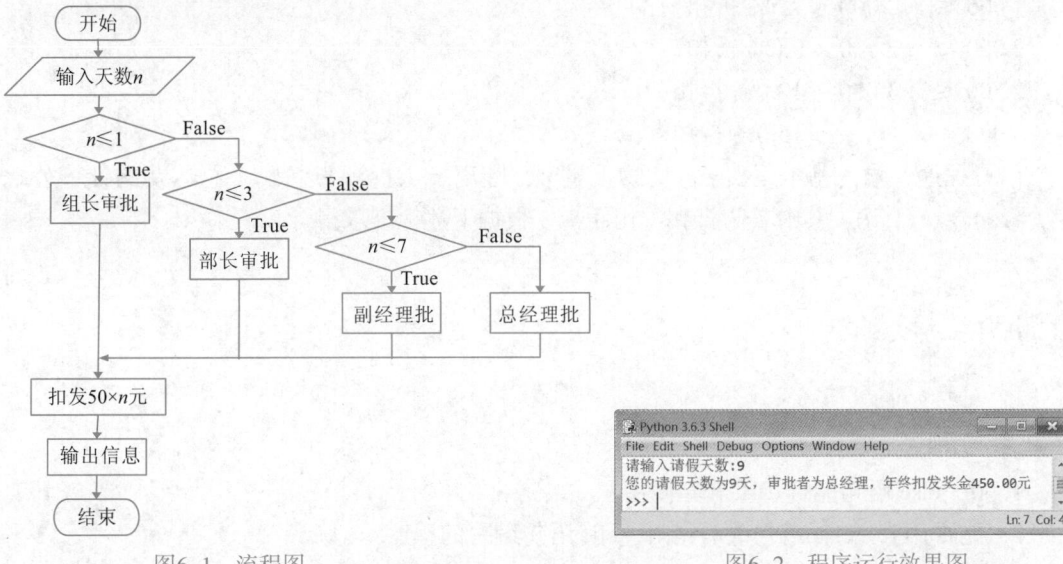

图6-1　流程图　　　　　　　　　　　图6-2　程序运行效果图

3. 下面这段程序实现的功能是：分别从键盘输入用户名和密码，根据输入正确与否给出相应提示。请在横线处填上正确的语句，并上机调试运行。

```python
name='student'
key='888888'
inputName=input('用户名：')
inputKey=input('密码：')

if _____
    print('通过验证！')
elif _____
    print('无此用户！')
else:
    print('密码错误！')
```

4. 有下列函数：

$$y=\begin{cases} x+5 & \text{当 } x<5 \text{ 时} \\ 2x & \text{当 } 5 \leqslant x<10 \text{ 时} \\ x^2 & \text{当 } x \geqslant 10 \text{ 时} \end{cases}$$

请设计一个程序，从键盘接收 x 的值，输出 y 的值。

5. 某运输公司在计算运费时，按运输距离 s 对运费打一定的折扣 d，其标准如下：

$s < 250$	没有折扣
$250 \leqslant s<500$	2.5% 折扣
$500 \leqslant s<1\,000$	4.5% 折扣
$1\,000 \leqslant s<2\,000$	7.5% 折扣
$2\,000 \leqslant s<2\,500$	9.0% 折扣
$2\,500 \leqslant s<3\,000$	12.0% 折扣
$3\,000 \leqslant s$	15.0% 折扣

编写程序，输入基本运费 p，货物重量 w，距离 s，计算总运费 f。总运费的计算公式为 $f=p*w*s*(1-d)$。其中 d 为折扣，由距离 s 根据上述标准求得。

三、思考题

1. if…else 语句能否多重嵌套使用？

2. 能否用 if…else 语句改写由 if…elif 语句编写的程序？

实验 7　循　环　语　句

一、实验目的

1. 理解循环语句的适用场合。
2. 掌握两种循环语句 for 和 while 的语法。
3. 灵活使用 break、continue 语句处理较复杂的循环问题。
4. 理解多重循环的工作机制。

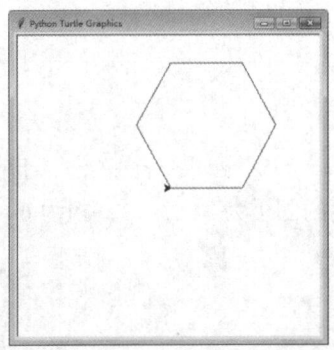

图7-1　六边形

二、实验内容

1. 下面是一个用 for 循环画出如图 7-1 所示六边形的程序。请在横线处填上正确的语句，并上机调试运行。（提示：六边形每个内角均为 120°。）

```
from turtle import *

for _____
    forward(100)
_____
```

2. 下面这段程序实现的功能是：根据提示输入多个正整数，当输入 0 时结束输入，并求出这批正整数的最大值，当输入格式不对时提醒重新输入。请在横线处填上适当的语句，并上机调试运行。

```
n=1
_____=0

while _____ :
    n=input('请输入一个正整数：')
    if not(n.isdigit()):          # 函数 isdigit() 功能是检查字符串是否由数字构成
        print('输入格式不对，请重新输入！')
    _____
    n=int(n)
    if(max<n):
        max=n
print('输入的最大整数是：',max)
```

3. 下面这段程序利用双重循环找出从 2 到 100 中的所有素数。素数的定义是：除了 1 和它本身以外不再有其他的因数。请在横线处填上正确的语句，并上机调试运行。

```
i=2
while(i<100):
    j=2
    while(_____):
        if not(i%j):              # 当 j 的大小在有效整除范围之内时
            break                 # 如果遇到能整除的 j 就退出循环
        j=j+1
    if(_____):    # 如果 j 超出有效整除范围之内时
        print(i," 是素数 ")
    i=i+1
print("Good bye!")
```

4. 编程输出所有"水仙花数"。所谓"水仙花数"是指一个 3 位数，其各位数字立方之和等于该数本身。（注：正确输出结果为 153、370、371、407 共 4 个数。）

5. 如果一个整数等于它的因子（不包括该数本身）之和，则称该数为完数。例如，6 的因子为 1，2，3，因为 6=1+2+3，因此 6 就是完数。编程找出 1 000 以内的所有完数。

6. 编写程序，从键盘输入一个字符串，如果该字符串包含字母 a，则过滤 a 再输出该字符串。如输入 abcad，则输出为 bcd。并统计 a 的个数。

7. 运行下面程序，分别从键盘输入 1、3，分析运行结果：

```
x=[10,20,30]
i=int(input('请输入列表索引号：'))
print('x[{}]={}'.format(i,x[i]))
```

把上述程序修改如下，运行程序，分别从键盘输入 1、3，分析运行结果：

```
x=[10,20,30]
i=int(input('请输入列表索引号：'))
try:
    print('x[{}]={}'.format(i,x[i]))
except Exception as e:
    print(e)
```

三、思考题

1. Python 的 for 循环和 while 循环的区别是什么？
2. 多重循环时，break 和 continue 语句在哪一层循环起作用？

实验 8　函数的应用

一、实验目的

1. 掌握用 def 关键词声明函数的语法。
2. 熟悉函数调用执行的方法，学习内置函数的使用方式。
3. 掌握实参和形参的概念，学习传递参数给函数的各种方式。
4. 理解局部变量和全局变量的特点和区别。

二、实验内容

1. 阶乘的定义是 $m!=1\times2\times3\times\cdots\times m$，下列程序功能是：从键盘接收两个整数 m 和 n，并输出 $m!+n!$ 的值。请在横线处填入合适的语句。

```
def f(x):
    result=1
    for i in _____
        result*=i
    return result
m=int(input(' 请输入 m 的整数值 :'))
n=int(input(' 请输入 n 的整数值 :'))
print('m!+n! 的计算结果为 ', _____ )
```

2. 下列程序有错，请调试。功能是：输入 3 个数，作为三角形的 3 个边长，如果 3 个数不能构成一个三角形（即不满足条件：任何两条边相加大于第三条边），则输出相应信息，否则计算三角形的面积并输出。

> 提示：可用海伦公式求三角形面积。设半周长 $p=(x+y+z)/2$，则求面积公式为 $S=sqrt$ $(p*(p-x)(p-y)(p-z))$。

```
import math
def tri_area():
    if(x+y>z and x+z>y and z+y>x):      # 如果三个数能构成三角形
        p=(x+y+z)/2                     # 定义半周长 p
        temp=p*(p-x)*(p-y)*(p-z)
        math.sqrt(temp)                 # 求三角形面积 S
        print(" 三角形面积为: ",S)
    else:
        print(" 对不起，您输入的边长大小不能构成三角形! ")
a=float(input(" 请输入第一条边: ",))
b=float(input(" 请输入第二条边: ",))
c=float(input(" 请输入第三条边 :",))
tri_area
```

3. 请写出下列程序的运行结果：_____。

```
num=1
def fun1():
    global num          # 第三行语句
    print(num)          # 第四行语句
    num=123
    print(num)
fun1()
```

4. 上述题目 3 中，如果将第 3 行语句删除，则运行结果为_____。

5. 上述题目 3 中，如果将第 3、4 行语句删除，则运行结果为_____。

6. 利用递归的方法解决下列年龄问题，请在横线处填入合适的语句：有 9 个人坐在一起，问第 9 个人多少岁，他说比第 8 个人大 2 岁。问第 8 个人岁数，他说比第 7 个人大 2 岁。问第 6（5、4、3、2）个人，又说比第 5（4、3、2、1）个人大 2 岁。最后问第一个人，他说是 10 岁。请问第 9 个人多少岁?

```
def age(n):
    if n==1:
        c=_____
    else:
        c=_____
    return c
print (age(9))
```

7. 编写一个函数，计算一个整数各个数字的和。使用下面的函数头:

```
def sumDigits(n):
```

例如: sumDigits(234) 返回 9。编写程序提示用户输入一个整数，然后显示这个整数所有数字的和。

8. 编写一个函数，如果 n 为奇数，输出表达式 $1+1/3+\cdots+1/n$ 的值;如果 n 为偶数，输出表达式 $1/2+1/4+\cdots+1/n$ 的值。使用下面的函数头:

```
def sumN(n):
```

编写程序提示用户输入一个整数，调用函数，输出表达式结果，保留 2 位小数。

三、思考题

1. 能否将已定义的局部变量声明为全局变量?
2. 局部变量和全局变量重名时会出现什么情况?
3. 什么情况下需要使用 global 与 nonlocal 语句?

实验 9　Python 综合实验

一、实验目的

1. 了解查找、排序等常见算法的实现。
2. 掌握在 Python 中读取文件和写入文件的方法。
3. 综合运用 Python 的编程语法，编写具有一定功能的程序代码。

二、实验内容

1. 下列猜数游戏程序已编写前面的 5 行代码，请根据图 9-1 所示的流程图补充后半段程序，使得整个程序运行后得到图 9-2 和图 9-3 所示的运行结果。

程序前面的 5 行代码如下：

```
import random                          # 导入随机数模块
secret=random.randint(1,10)           # 随机生成 10 以内的整数
print("-------------- 猜数游戏 -----------")
num=5
print(" 你共有 %d 次游戏机会！ "%num)
```

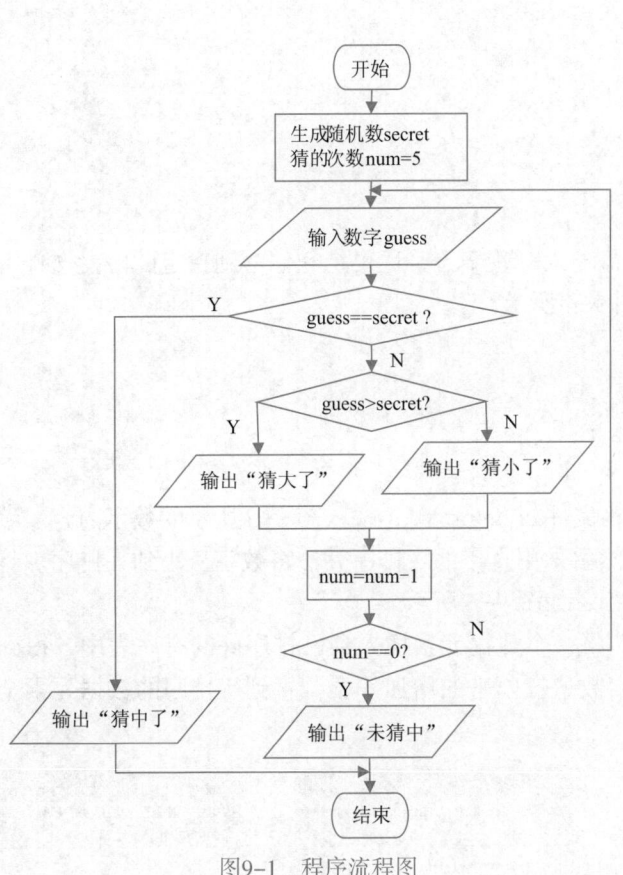

图9-1　程序流程图

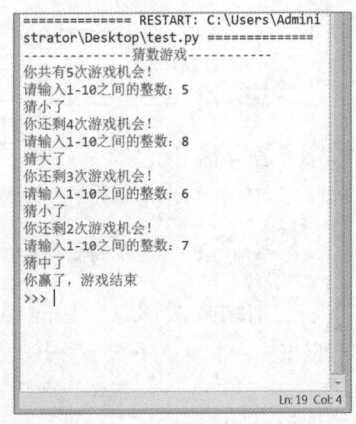

图9-2　猜中的情形

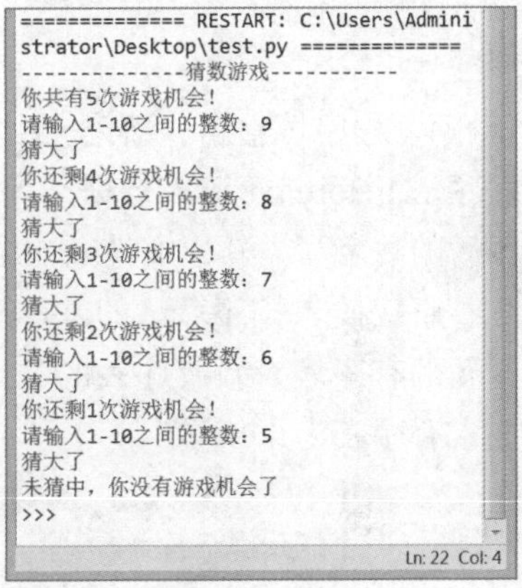

图9-3　猜不中的情形

2. 程序填空题。下列程序是模拟打牌时摸扑克牌的情况：手中的扑克牌已经排好序，用二分查找的方法，查找有没有与新摸到的扑克牌牌面大小相同的，根据查找结果给出相应提示。（为了简化程序，将扑克牌中的 J、Q、K、A 分别用数字 11、12、13、14 代替。）

> 说明：二分查找算法思想就是将待查关键字与有序数据表的中间元素进行比较，若值相等则查找成功，若值不相等则根据大小关系决定在左边子表或右边子表继续按此方法进行查找，直到找到此关键字或确定无此关键字为止。

```
poker=[3,8,9,10,12,14]
MyPoker=input(' 请输入你新摸到的牌牌面大小 :')
```

```
find=False
lenth=len(poker)
while_____
    pos=int(lenth/2)
    if MyPoker==poker[pos]:
        find=True
    else:
        if MyPoker<poker[pos]:
            poker=poker[0:pos]
        else:
            _____
        lenth=len(poker)
if find:
    print('找到相同大小的牌。')
else:                _____
    print('没找到相同大小的牌。')
```

3. 请编程实现以下功能：从键盘输入一些字符，逐个把它们写到指定的磁盘文件上，直到输入一个#为止。运行结果如图 9-4 所示。

4. 程序填空题。新建一个记事本文件 c:\before.txt，输入图 9-5 所示的数字内容。编写程序从 before.txt 读入数据到列表，然后采用直接插入排序算法将数字从小到大排序。将排序后的数字写入新建文件 c:\after.txt 中，如图 9-6 所示。

直接插入排序算法的基本思想：将一个数据元素插入到已排序好的有序表中，得到一个新的有序表，新有序表的数据元素数量较原来的增加一个，直到待排序的数据元素全部加入有序表为止。

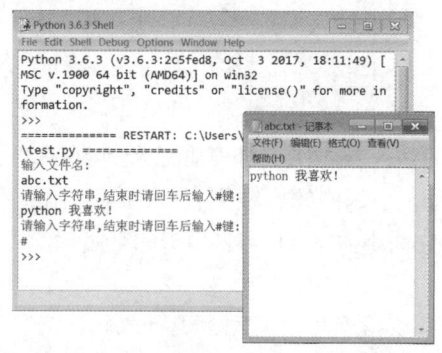

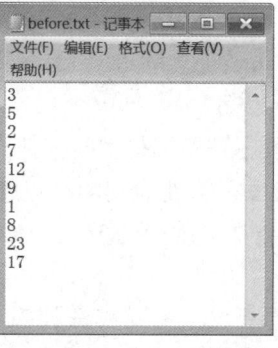

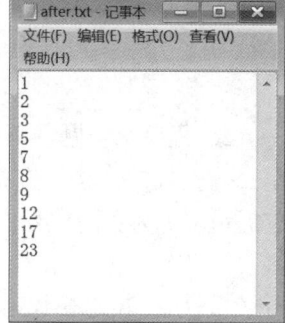

图9-4 从键盘接收字符并写到文件　　图9-5 before.txt 文件内容　　图9-6 after.txt 文件内容

```
def text_read(filename):
    f=open(filename, mode='r')
    list01=f.readlines()
    list01=list(map(int, list01))    # 函数 map() 可将字符型列表转换为整型列表
    f.close()
    return list01
```

```
def text_save(content,filename):
    file=open(filename,mode='a')
    for i in range(len(content)):
        file.write(str(content[i])+'\n')
    file.close()
    number= _____
print('原始数据: ',number)
for i in range(1, _____ ):
    InsPos=0
    while (number[i]>number[InsPos]) and (InsPos<=i):
        _____
    temp=number[i]
    del number[i]
    number.insert(InsPos,temp)
    print('第 %s 趟排序结果: '%i,number)
print('直接插入排序最终结果为: ',number)
_____
```

三、思考题

1. 文件路径描述中的 'c:\\before.txt'，为什么需要两个反斜杠 \\ ？

2. 如果实验内容第 4 小题的 before.txt 内容改为横向排列，即只有一行：3，5，2，7，12，9，1，8，23，17。如何修改程序使其实现同样的结果?

实验 10　Python 模块、包和库

一、实验目的：

1. 掌握模块导入的方法。

2. 进一步熟悉 turtle 库。

3. 掌握 random 库的常用函数。

4. 熟悉 time 库和程序计时。

二、实验内容

1. 使用 turtle 库的 turtle.fd() 函数和 turtle.seth() 函数绘制螺旋状的正方形，正方形边长从 1 像素开始，第一条边从 0 度方向开始，效果如图 10-1 所示。请在横线处填入合适的语句。

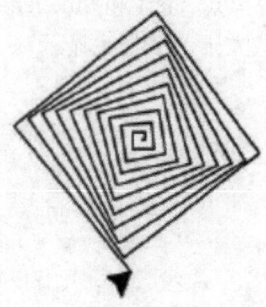

图10-1　螺旋状的正方形

```
import turtle
d=0
k=1
for j in range(_____):
    for i in range(_____):
        turtle.fd(_____)
        d+=91
        turtle.seth(_____)
        k+=2
turtle.done()
```

2. 请编写程序，生成随机密码。具体要求如下：

（1）使用 random 库，采用 0x1010 作为随机数种子。

（2）密码由 abcdefghijklmnopqrstuvwxyzABCDEFGHIJKLMNOPQRSTUVWXYZ12 34567890!@#$%^&* 中的字符组成。

（3）每个密码长度固定为 10 个字符。

（4）程序运行每次产生 10 个密码，每个密码一行。

（5）每次产生的 10 个密码首字符不能一样。

（6）程序运行后产生的密码使用 print 函数显示出来。

程序如下：

```python
import random
random.seed(0x1010)
s="abcdefghijklmnopqrstuvwxyzABCDEFGHIJKLMNOPQRSTUVWXYZ1234567890!@#$%^&*"
ls=[]
excludes=""
while len(ls)<10:
    pwd=""
    for i in range(10):
            pwd+=s[random.randint(0,len(s)-1)]
            if pwd[0] in excludes:
                continue
            else:
                ls.append(pwd)
                excludes+=pwd[0]
print("\n".join(ls))
```

3. 编写函数 time_diff(time_start, time_end, fmt="%Y-%m-%d %H:%M:%S")，该函数计算 time_start 和 time_end 之间的时间差，如果时间差大于 1 年，显示 × 年 × 月；如果时间差大于 1 个月，显示 × 月 × 日；fmt 为时间格式，默认为 "年 – 月 – 日 小时：分钟：秒"

程序如下：

```python
import time
def time_diff(time_start, time_end, fmt="%Y-%m-%d%H:%M:%S"):
    stamp_func=lambda t: time.mktime(time.strptime(t, fmt))
    t1=stamp_func(time_end)
    t2=stamp_func(time_start)
    t=t1-t2
    ret=time.gmtime(t)
    return (ret.tm_year-1970, ret.tm_mon-1, ret.tm_mday-1, ret.tm_hour,
ret.tm_min, ret.tm_sec)

t=time_diff('2020-7-1 13:25:32','2020-7-8 13:5:32')
if t[0]>0:
    print(t[0],'年',end='')
if t[1]>0:
    print(t[1],'月',end='')
if t[2]>0:
    print(t[2],'日',end='')
if t[3]>0:
    print(t[3],'小时',end='')
if t[4]>0:
```

```
        print(t[4],' 分 ',end='')
if t[5]>0:
        print(t[5],' 秒 ',end='')
```

三、思考题

1. 在 Python 中导入模块中的对象有哪几种方式？

2. 当建立一个包的时候，为了能够实现 "from 包名 import *" 的代码，包中必须满足什么条件？

3. time 库主要包含哪几种时间格式？

实验 11　jieba 和 wordcloud 库应用

一、实验目的

1. 熟悉 Python 第三方库的获取和安装。

2. 掌握 jieba 库的使用。

3. 熟悉 wordcloud 库的使用。

二、实验内容

1. 使用 pip 安装 jieba 库的命令为＿＿＿＿＿＿＿＿＿＿＿＿＿＿＿。

2. 使用 pip 安装 wordcloud 的命令为＿＿＿＿＿＿＿＿＿＿＿＿＿＿＿。

3. 检查 wordcloud 是否成功（两种方法）：

（1）在命令行窗口输入：pip list。

（2）在 idle 中直接调用 import wordcloud 检验是否会报错。

4. 请编写程序对文本 "sgldout.txt" 进行分析，将词频排名前五的词（不包括中文标点符号）和次数输出到文件 "sgldstatistics.txt" 中。

参照输出格式如下：

```
了: 234
的: 234
我: 234
```

程序如下：

```python
import jieba
fo=open("sgldout.txt","r",encoding="utf-8")
words=fo.readlines()
fo.close()
sym="; 。，""："
DictWords={}
for ls in words:
    if ls[:-1] not in sym:
        DictWords[ls[:-1]]=DictWords.get(ls[:-1],0)+1
        L=list(DictWords.items())
        L.sort(key=lambda ls:ls[1],reverse=True)
# 输出到文件
fo=open("sgldstatistics.txt","w",encoding="utf-8")
for i in range(5):
```

```
    fo.writelines(L[i][0]+":"+str(L[i][1])+"\n")
fo.close()
#print 输出
for i in range(5):
    print(L[i][0]+":"+str(L[i][1]))
```

程序运行结果如下：

```
的:43
是:11
我:10
而:8
做:6
```

5. 生成一个漂亮的词云文件可分以下三步完成：

（1）配置对象参数。

（2）加载词云文本。

（3）输出词云文件。

请编写程序分析的文本"kangyiqing.txt"，输出该文本的词云文件。

程序如下：

```
from wordcloud import WordCloud
import numpy as np
import matplotlib.pyplot as plt
from PIL import Image

fo=open("kangyiqing.txt","r",encoding="utf-8")
text=fo.readlines()
fo.close()
s=""
for line in text:
    s=s+line
font=r'ygyxs88.ttf'                     # 设置好中文字体
mask=np.array(Image.open("heart.jpg"))  # 设置词云的形状
# 生成对象
wc=WordCloud(mask=mask,font_path=font,width=800, height=600, mode='RGBA',
background_color=None).generate(s)
# 显示词云
plt.imshow(wc, interpolation=
'bilinear')
plt.axis('off')
plt.show()
# 保存到文件
wc.to_file('wordcloud.png')
```

程序运行结果如图 11-1 所示。

三、思考题

1. jieba 库能实现几种分词模式？

2. 在上述第 5 题中，给出的文本是语句，如果要将语句先分词应该如何实现？

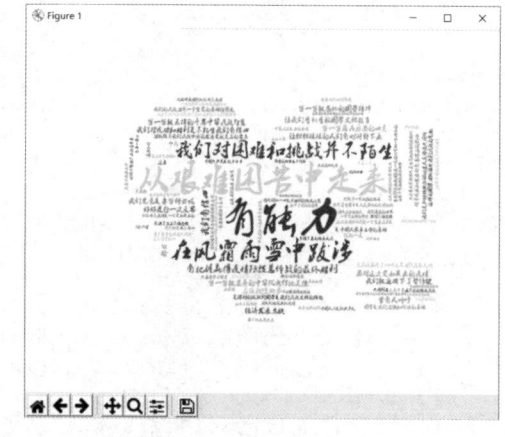

图11-1　文档词云展示图

实验 12　Python 智能数据分析

一、实验目的：

1. 掌握 NumPy 库的对数组的基本操作。
2. 熟悉 Pandas 数据分析。
3. 掌握 Sklearn 库中常用机器学习的基本调用方法。

二、实验内容

1. 请按照以下代码编写程序，创建全 0 数组，全 1 数组和随机数数组。

程序如下：

```
import numpy as np
np.zeros((3,3))
np.ones((5,3))
np.random.randint(0,10,(3,2))
```

2. 请按照以下代码实验数组的常用函数（求数组所有元素的和、积、平均值、最大值、最小值、方差、标准差）和属性（查看数组的维度，数组元素的个数）。

程序如下：

```
import numpy as np
num=np.random.randint(0,10,(3,2))
num=np.array([[2,3,4],[2,6,7]])
print(num.sum())               # 和
print(num.prod())              # 积
print(num.mean())              # 平均值
print(num.max())               # 最大值
print(num.min())               # 最小值
print(num.var())               # 方差
print(num.std())               # 标准差
print(num.shape)               # 查看数组的维度
print(num.size)                # 查看数组元素的个数
```

程序运行结果如下：

```
24
2016
4.0
7
2
3.6666666666666665
1.9148542155126762
(2, 3)
6
```

3. 利用 Pandas 库分析保存在文件 "score1.csv" 中的学生成绩，要求输出每科的平均分、最高分和最低分。

（1）引入 Python 工具包。

```
import pandas as pd
```

（2）读取文件夹中的"score1.csv"文件，将其放置到 DataFrame 中。

```
df=pd.read_csv('score1.csv')
print(df)
```

（3）对 DataFrame 中的数据进行清洗，将空值填充为 0。

```
df=df.fillna(0)
```

（4）对成绩信息进行统计，求每门课的平均成绩、最高分和最低分。

```
for i in range(1,len(df.columns)):
    print(df.columns[i],"的平均分为: ",df.mean()[i],", 的最高分为: ",df.max()
[i],", 的最低分为: ",df.min()[i])
```

程序运行结果如下：

```
语文 的平均分为:  7.8214285714285714 , 的最高分为:  10.0 , 的最低分为:  0.0
数学 的平均分为:  4.757142857142857 , 的最高分为:  10.0 , 的最低分为:  0.0
英语 的平均分为:  3.54285714285714277 , 的最高分为:  5.0 , 的最低分为:  0.0
体育 的平均分为:  3.55 , 的最高分为:  10.0 , 的最低分为:  0.0
政治 的平均分为:  4.635714285714286 , 的最高分为:  7.0 , 的最低分为:  0.0
历史 的平均分为:  4.8428571428571425 , 的最高分为:  8.0 , 的最低分为:  0.0
```

4. 在 Sklearn 库中包含了一些经典的示例数据集，比如鸢尾花（iris）数据集是常用的分类实验数据集，我们可以使用该数据集来实验决策树分析。

（1）加载实验中用到的 4 个库：

```
from sklearn import datasets          #sklearn 的数据集
import numpy as np                    # 使用 numpy 将导入的数据转换为数组
from sklearn import tree              # 导入决策树库
from sklearn.model_selection import train_test_split
#sklearn 中用于划分数据集，即将原始数据集划分成测试集和训练集两部分的函数
```

（2）导入 iris 数据集。

```
iris=datasets.load_iris()       # 载入数据集
iris_data=iris['data']          # 花萼长度，花萼宽度，花瓣长度，花瓣宽度 4 个属性集
iris_label=iris['target']       # 分类集
iris_target_name=iris['target_names']
X=np.array(iris_data)           # 将数据集转换为数组
Y=np.array(iris_label)
```

（3）将原始数据按照比例分割为"测试集"和"训练集"，测试样本占比为 30%，即 test_size=0.3。

```
train_x,test_x,train_y,test_y=train_test_split(X,Y,test_size=0.3,random_
state=3)
print(len(train_x))             # 训练集数量为 105
print(len(test_x))              # 测试集数量为 45
```

（4）训练决策树模型。

```
dt_model=tree.DecisionTreeClassifier()
dt_model.fit(train_x, train_y)
```

（5）评估预测结果。

```
predict_y=dt_model.predict(test_x)
score=dt_model.score(test_x,test_y)
print('测试集的类别: ',test_y)
print('分类预测的结果类别: ',predict_y)
print('得分: ',score)
```

程序运行结果如下：

```
测试集的类别: [0 0 0 0 0 2 1 0 2 1 1 0 1 1 2 0 1 2 2 0 2 2 2 1 0 2 2 1 1 1 0
0 2 1 0 0 1 0 2 1 2 1 0 0 2]
分类预测的结果类别: [0 0 0 0 0 2 1 0 2 1 1 0 1 1 2 0 1 2 2 0 2 2 2 1 0 2 2 1 1
1 0 0 2 1 0 0 2 0 2 1 2 1 0 0 2]
得分: 0.9777777777777777
```

三、思考题

1. 上述第 4 题为什么要将数据集拆分为训练集和测试集？
2. Pandas 库中，DataFrame 的索引函数 loc 和 iloc 的区别是什么？

实验 13　用 Photoshop 制作彩虹球标志

一、实验目的

1. 掌握"椭圆选框工具"和"弯度钢笔工具"的功能和使用方法。
2. 掌握图层的功能和图层样式的参数设置。

用Photoshop
制作彩虹球
标志

二、实验内容

1. 新建图像和图层：启动 Photoshop CC，新建一个图像文件，设置宽度为 500 像素，高为 400 像素，分辨率为 72 dpi，背景色为白色，文件名为"彩虹球"，新建一个图层，命名为"红色"。

2. 建立十字参考线：单击菜单栏"视图"→"标尺"命令，标尺会显示在画布周围，单击选中下方标尺并按住鼠标左键将其向下拖动，拖出一根参考线，再单击选中左方标尺，按住鼠标左键将其向右拖动，也拖出一根参考线，两参考线交于画布中央，建立十字型参考线。

3. 绘制路径：选择"红色"图层，选择"椭圆选框工具"图标○，鼠标的÷光标与参考线交点重合，按住【Shift+Alt】组合键的同时按住鼠标左键，拖动鼠标，绘制一个以中心点为圆心的较大的正圆选区，在工具箱选择"弯度钢笔工具" ，单击 7 次，点出 6 个锚点，调整锚点的位置和路径的弯度，绘制出图 13-1 所示的图案。按【Ctrl+D】组合键取消圆形选区。

4. 将选区填充为红色：按下【Ctrl+Enter】组合键建立选区，并用"油漆桶工具" 将选区填充为红色 #ed053a，按【Ctrl+D】组合键取消选区，如图 13-2 所示。

5. 设置图层样式：在"红色"图层上右击，在弹出的快捷菜单中选择"混合选项"，单击"渐变叠加"，按照图 13-3 所示进行设置：混合模式为"叠加"，"样式"为"线性"，"角度"为"0"度，"缩放"为"100%"，单击"确定"按钮，效果如图 13-4 所示。

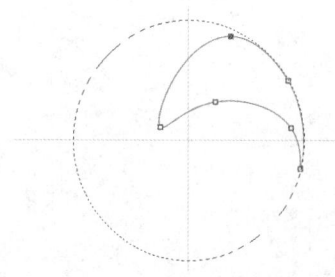

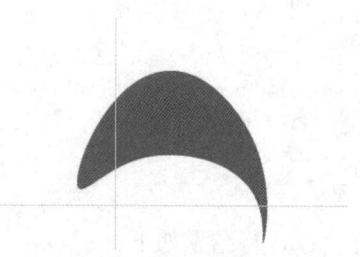

图13-1　用弯度钢笔工具绘制路径　　　　　　　　　　　图13-2　填充红色

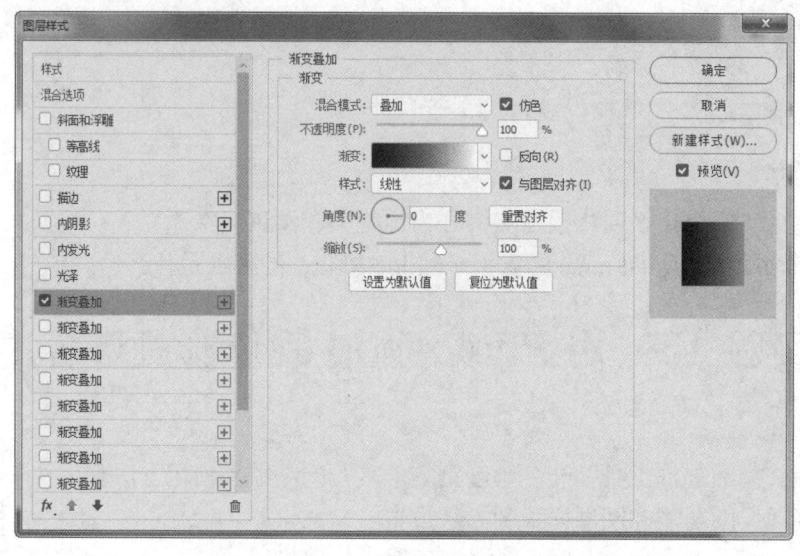

图13-3　设置图层样式

6. 建立"紫色"图层：单击"图层"→"复制图层"，命名图层名为"紫色"，如图 13-5 所示。用"油漆桶工具" 将"紫色"图层图像的颜色填充为："紫色"#d622f7。

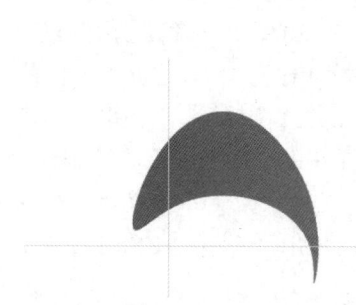

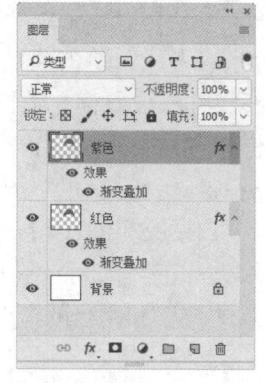

图13-4　设置图层样式后效果　　　　　　　　　图13-5　复制图层

7. 自由变换并旋转：按【Ctrl+T】组合键（或选择"编辑"→"自由变换"），如图 13-6 所示。移动鼠标变换中心点到参考线中心位置，如图 13-7 所示。在工具选项栏中设置"旋转"为"60"度，按【Enter】键确认自由旋转变换，旋转后效果如图 13-8 所示。

8. 类似完成剩余 4 个图层：重复第 6 步、第 7 步 4 次，复制图层并命名新图层名："蓝色"图层、"青色"图层、"绿色"图层、"橙色"图层，并分别填充各图层图像的颜色为："蓝色"#3a87fb、"青色"#0ef6cd、"绿色"#52da2d、"橙色"#fd9605，再相应多次自由旋转变换。分别单击菜单栏"视图"→"标尺"和"视图"→"清除画布参考线"命令，去掉标尺和参考线。最后效果如图 13-9 所示，图层面板如图 13-10 所示。

9. 保存图像：单击菜单栏中的"文件"→"存储为"命令，将图像存储为文件名"彩虹球 .psd"，保存在自己的文件夹中，退出 Photoshop CC。

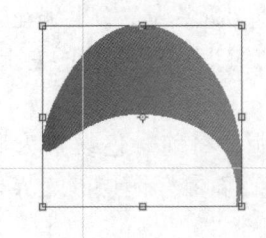

图13-6　自由变换

图13-7　移动变换中心点

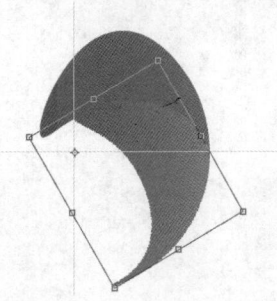

图13-8　旋转后效果

图13-9　最后效果图

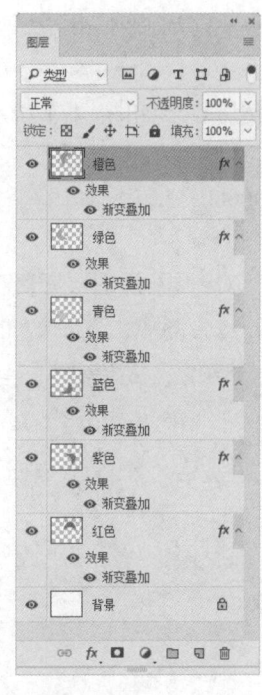

图13-10　图层面板

三、思考题

1. 标尺和参考线有何作用？
2. 用钢笔工具绘制的彩虹球，可以被存储为矢量图形吗？
3. "图层"面板中图层的顺序可以更改吗？

实验 14　用 Photoshop 制作促销海报

一、实验目的

1. 掌握通过蒙版融合图像的方法。
2. 熟练掌握图层的功能和图层样式的参数设置。
3. 灵活运用样式面板的功能，设置字体的样式。

二、实验内容

1. 准备素材：在 D:\ 下新建 poster 文件夹，将 W:\ 上机 \Photoshop 中的

用 Photoshop
制作促销海报

文件："鲜花 .jpg"、"人物 .jpg"、"蝴蝶 1.jpg"、"蝴蝶 2.jpg"、"蝴蝶 3.jpg"和"蝴蝶 4.jpg"复制到 D:\poster 中。

2．新建图像：启动 Photoshop CC，新建一个图像文件，设置宽度为 500 像素，高为 600 像素，分辨率为 72dpi，背景色为白色，文件名为"服装海报"。

3．填充：使用"油漆桶工具"为"背景"图层填充浅紫色 #fdd5f6。

4．移动图像：打开图像文件"鲜花 .jpg"，使用"移动工具"将鲜花图像移动到"背景"图层的左下角。将"图层 1"命名为"左下鲜花"，设置其图层混合模式为"正片叠底"。

5．复制图层并旋转变换：将"左下鲜花"图层复制一个图层，命名为"右上鲜花"，单击菜单栏"编辑"→"变换"→"旋转 180 度"，将鲜花图像移动到"背景"图层的右上角。旋转后效果如图 14-1 所示，图层面板如图 14-2 所示。

6．添加图层蒙版：选择"左下鲜花"图层，添加图层蒙版，将前景色设置为黑色 #000000，使用"画笔工具"涂抹左下方的"左下鲜花"图层与"背景"图层的交界处，融合图像。

7．再添加图层蒙版：重复第 6 步，为"右上鲜花"图层添加图层蒙版，使用"画笔工具"融合图像。效果如图 14-3 所示，图层面板如图 14-4 所示。关闭文件"鲜花 .jpg"。

 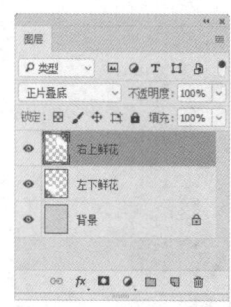 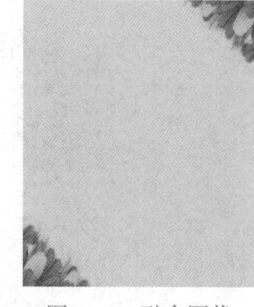 

图14-1　旋转后效果图　　图14-2　"图层"面板　　　　图14-3　融合图像　　　图14-4　"图层"面板

8．添加图层：打开图像文件"人物 .jpg"，使用"移动工具"将人物图像移动到"背景"图层的右下角。将"图层 1"命名为"人物"，设置其图层混合模式为"正片叠底"。

9．自由变换：单击菜单栏"编辑"→"自由变换"命令，使用自由变换功能，调整"左下鲜花"图层和"右上鲜花"图层图像合适大小，调整"人物"图层图像合适位置。效果如图 14-5 所示，"图层"面板如图 14-6 所示。关闭文件"人物 .jpg"。

10．添加图像图层和文字图层：打开图像文件"蝴蝶 1.jpg"，使用"移动工具"将蝴蝶图像移动到"背景"图层的左上角，使用自由变换功能调整蝴蝶图像的位置和大小。将"图层 1"命名为"蝴蝶 1"，设置其图层混合模式为"正片叠底"。使用"横排文字工具" T 横排文字工具，输入"2019"，字体为：Broadway BT，字号 48 点，用拾色器在鲜花的橙色花瓣上取色（也可设置字体颜色为橙色：#fdc700），在"样式"面板中设置样式为：web 样式、黄色回环。关闭文件"蝴蝶 1.jpg"。效果如图 14-7 所示，图层面板如图 14-8 所示。

11．添加文字图层：使用"横排文字工具"，输入"SUMMER 夏季新品"，英文字体为：Broadway BT，汉字字体为黑体，字号 48 点，文字居中，在"样式"面板中设置样式为：web 样式、绿色回环。

12．添加文字图层：使用"横排文字工具"，输入"优雅人生 靓丽如花"，字体为微软雅黑，字号 30 点，文字居中，在"样式"面板中设置样式为：web 样式、红色回环。

   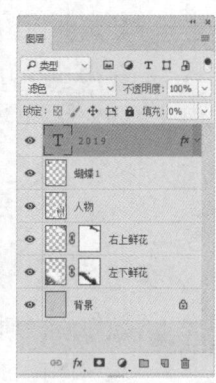

图14-5　调整人物图像　　图14-6　"图层"面板　　图14-7　调整蝴蝶和文字　　图14-8　"图层"面板

13．添加文字图层：使用"横排文字工具"，输入如下文字。

全场满 500 元送 100 元　满 1000 元送 300 元　满 2000 元送 700 元

1000 粉精美礼品送出！

机会不多　礼品有限　快来抢购吧

本活动限 8 月 1 日—9 月 1 日进行，会员卡享受双倍积分优惠

设置：字体为宋体，字号 16 点，文字居中，字体颜色为绿色：#77a26b，数字的字体颜色为红色 #ff0000。

14．添加 3 个图像图层：打开图像文件"蝴蝶 2.jpg"、"蝴蝶 3.jpg"和"蝴蝶 4.jpg"，使用"移动工具"将蝴蝶图像移动到"人物"图层的左边，设置其图层混合模式为"正片叠底"，使用自由变换功能调整蝴蝶图像的位置、大小和方向。将各图层分别命名为："蝴蝶 2"、"蝴蝶 3"和"蝴蝶 4"。关闭文件"蝴蝶 2.jpg"、"蝴蝶 3.jpg"和"蝴蝶 4.jpg"。最后效果如图 14-9 所示，图层面板如图 14-10 所示。

15．保存图像：在 D:\poster 下将图像存储为文件名"服装海报 .psd"，退出 Photoshop CC。

 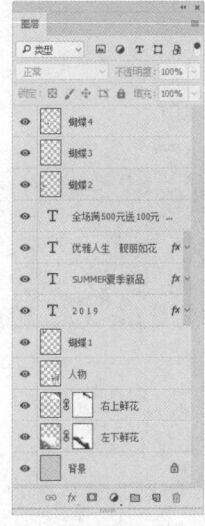

图14-9　最后效果图　　　　　　图14-10　图层面板

三、思考题

1. 蒙版的作用是什么？
2. 在第 6 步为什么要将前景色设置为黑色 #000000？
3. 如何删除一个不需要的图层？

实验 15 蒙版的使用——伸手抓飞机

一、实验目的

1. 熟练掌握通过蒙版进行抠图处理的方法。
2. 理解图像合成的细节衔接处理。
3. 了解图层透明度的使用场合。

二、实验内容

1. 单击菜单栏"文件"→"打开"命令，打开如图 15-1 所示的直升机图、青海湖图和少年图三幅原始素材图。

2. 在图层面板中拖动少年图的背景层到青海湖图上，形成新的图层 1，图层面板如图 15-2 所示。

3. 在工具箱中选择魔术棒工具 ，在图层 1 白色区域单击建立选区，按【Del】键删除。部分未选中的白色区域，可再次使用魔术棒工具删除。

> 提示：可通过在工具选项栏设置不同的容差值控制选中的白色区域，注意不要误删人物区域。

图15-1 三幅原始素材图

4. 在图层 1 中用魔术棒工具单击选择背景，然后单击菜单栏"选择"→"反选"命令，选中人物，如图 15-3 所示。

5. 单击图层面板下方的"添加图层蒙版"按钮 ，生成蒙版，如图 15-4 所示。

图15-2　青海湖背景图的图层面板

图15-3　选中人物

图15-4　添加图层蒙版

6. 选中蒙版缩略图，选择工具箱中的画笔工具，设置黑 / 白前景背景色，在工具选项栏设置合适的笔头大小，如图 15-5 所示。放大图像显示比例，在人物边缘抠图不干净的地方仔细涂抹。对于头发边缘的处理，可以设置灰色调小笔头的画笔进行涂抹，如图 15-6 所示。

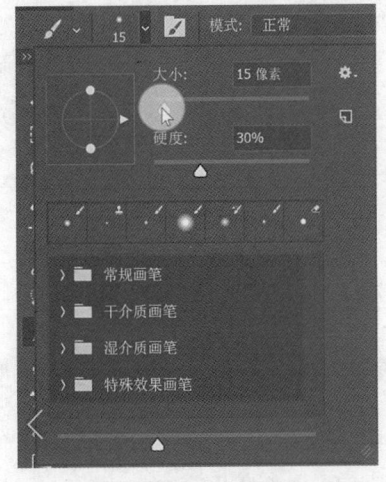
图15-5　设置合适的笔头大小

图15-6　画笔涂抹

7. 在图层面板中单击图层 1 左边的人物缩略图，单击菜单栏"编辑"→"变换"→"缩放"命令，调整人物大小和位置。

8. 同理，将直升机图层拖动到到青海湖图上，形成新的图层 2，并采用魔术棒去除背景色，单击菜单栏"编辑"→"自由变换"命令，缩小并旋转到合适位置，为直升机选区建一个蒙版，如图 15-7 所示。

图15-7　为直升机选区建一个蒙版

9. 放大手指部位，选中蒙版缩略图，在图层面板中设置图层不透明度为 50% 左右（便于看清下方图像内容，以免涂出边界），选择工具箱中的画笔工具，设置黑 / 白前景背景色，在手指部位涂抹如图 15-8 所示，营造手指抓住起落架的手势。最终效果图见图 15-9。

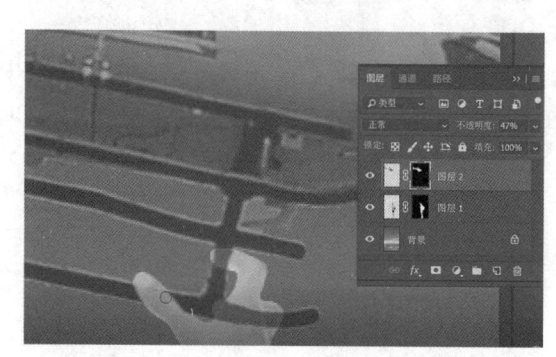

图15-8　在手指部位涂抹

图15-9　最终效果图

三、思考题

1. 上例中，用画面工具在蒙版上涂抹的时候，前景色应按照什么原则进行选择？能否选择非黑白色彩？

2. 请练习从网络搜索图片素材，在蓝天背景图上添加飞鸟、云彩、文字等元素，进一步编辑图像。

实验 16　用 Dreamweaver 建立静态网页

一、实验目的

1. 掌握创建、编辑网页的基本方法。

2. 掌握表格的建立及属性设置。

3. 熟悉超链接的建立方法。

用 Dreamweaver 建立静态网页

二、实验内容

1. 准备素材：在 E:\ 下新建 tour 文件夹，在 E:\tour 下新建 image 文件夹，将 W:\ 上机 \Dreamweaver 中的所有文件复制到 E:\tour 文件夹中，将 E:\tour 下所有扩展名为 ".jpg" 的图像文件移动到 E:\tour\image 文件夹中。

2. 新建 HTML 文档：启动 Dreamweaver CC，新建一个 HTML 文档，文档标题为：桂林。以 guilin.html 为文件名另存为到 E:\tour 文件夹中。

3. 插入表格：在设计视图中，插入一个 2 行 2 列的表格，表格宽度设为 100%，边框粗细设为 1 px，单元格边距设为 5，单元格间距设为 0。

4. 合并单元格并设置：将第一行的两个单元格进行合并，在合并后的单元格中输入文字"桂林旅游",并设置文字 CSS 规则:字体 (O):微软雅黑,文字大小 (S):36 px,单元格水平 (Z):居中对齐。

提示:若默认的"字体"下拉菜单中没有微软雅黑等中文字体,单击"字体"右边下拉按钮,在下拉菜单中选择"管理字体",在弹出的图 16-1 所示的对话框中单击"自定义字体堆栈",在"可用字体"列表框中选择需要添加的一个字体,单击 << 按钮,再单击"完成"按钮,添加所需的字体。

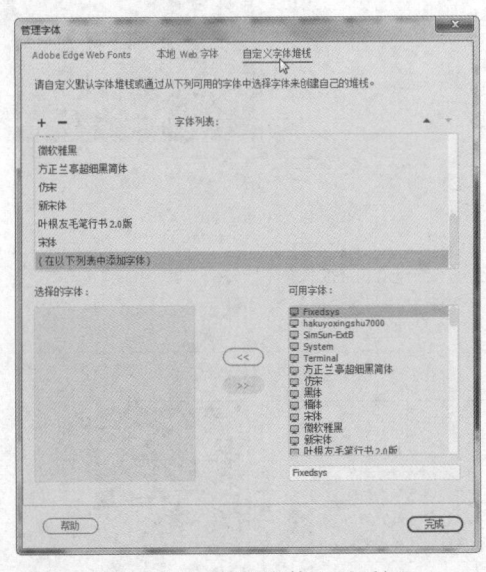

图 16-1　"管理字体"对话框

5. 插入图像:将 E:\tour\image 文件夹中的图像文件"桂林 .jpg"插入到表格的右下角单元格中,设置图像宽 500 px、高 300 px。用拾色器对图像文件"桂林 .jpg"中绿树的绿色取色,将其设置为文字"桂林旅游"的字体颜色。

6. 复制文字:将 E:\tour\ 文本素材 .txt 文件中的介绍桂林的文字复制粘贴到左下角的单元格中,并设置文字 CSS 规则:字体 (O):楷体;文字大小 (S):18 px。

7. 建立超链接并保存网页:在介绍性文本末尾按【Enter】键产生下一段落,输入"回首页",给文字"回首页"建立超链接,使之链接到网页 E:\tour\index.html,保存网页,效果如图 16-2 所示的样张 1。

8. 复制网页并修改:将 guilin.html 另存为 beihai.html,保存到 E:\tour 文件夹中。将表格第一行文字修改为"北海旅游"。将表格的右下角单元格中的图像更改为"北海 .jpg",介绍性文字替换成北海相关文字,文档标题为:北海。其他属性设置与 guilin.html 一样。用取色器对图像"北海 .jpg"中橙金色云彩的橙色取样,将其设置为文字"北海旅游"的字体颜色,效果如图 16-3 所示的样张 2。

9. 为主页添加超链接:在 Dreamweaver 中打开 E:\tour\index.html 文件,给表格中的"桂林"文字添加链接到 guilin.html,目标 (G):_blank。给表格中的"北海"添加链接到 beihai.html,目标 (G):_blank。效果如图 16-4 所示的样张 3。

图16-2　样张1 guilin.html

图16-3　样张2 beihai.html

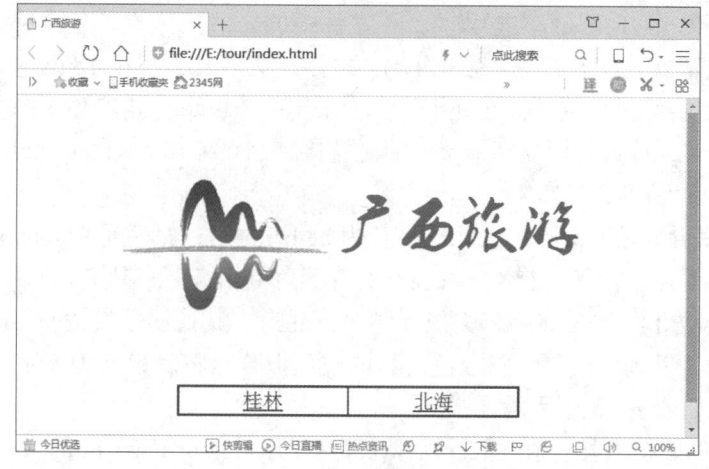

图16-4　样张3 index.html

10. 保存网页：单击按钮，保存全部，退出 Dreamweaver CC。

三、思考题

1. 超链接能否链接到其他文件？比如 doc 文件、rar 压缩文件或其他网站的文件？
2. 误操作时，能否撤销已完成的操作步骤？在哪里撤销？
3. 单元格能否拆分？选中一个单元格有哪些方法？
4. 如何输入连续的空格？
5. 添加链接时，目标设置为 _blank，表示什么意思？

实验 17　用 DIV+CSS 布局网页

一、实验目的

1. 掌握创建 DIV 及其各标签 CSS 属性的设置方法，运用 DIV+CSS 布局网页。
2. 掌握属性面板的功能和设置方法。
3. 掌握 "CSS 设计器" 面板的使用方法。
4. 掌握建立站点和管理站点的方法。

二、实验内容（说明：此实验要用到实验16的部分结果）

1. 新建站点：启动 Dreamweaver CC，单击菜单栏 "站点" → "新建站点" 命令，弹出 "站点设置对象" 对话框，在 "站点名称" 中输入站点的名称 "tour"，单击 "浏览文件夹" 按钮 📁，选择存放的位置 E:\tour，如图 17-1 所示。单击 "保存" 按钮，完成 tour 站点的创建。在文件面板中出现建立好的站点列表，如图 17-2 所示。

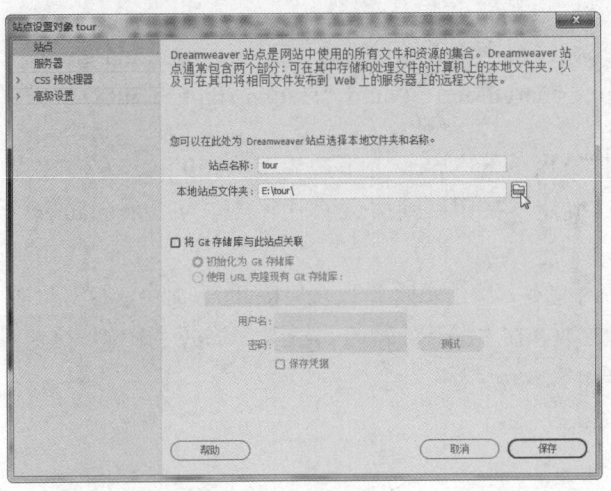

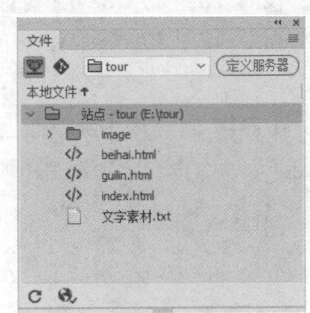

图 17-1　 "站点设置对象 tour" 对话框　　　　　图 17-2　文件面板

2. 新建空白网页：在站点 tour 的根下新建一个空白 HTML 文档，文件名为 zhqiu.html，文档标题为 "中秋"。

3. 插入 DIV：单击 "插入" → "Div(D)" 命令，弹出 "插入 Div" 对话框，在 "ID" 处输入 "container"，单击 "新建 CSS 规则" 按钮，如图 17-3 所示。在弹出的 "新建 CSS 规则" 对话框中单击 "确定" 按钮，如图 17-4 所示。

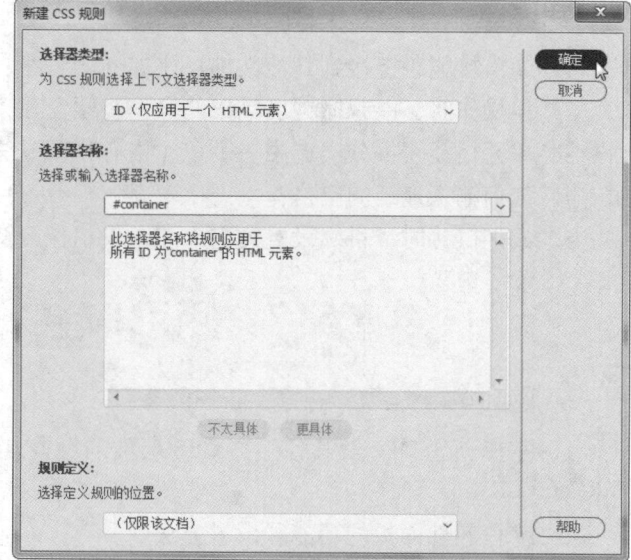

图17-3 "插入 Div"对话框   图17-4 "新建 CSS 规则"对话框

提示：此处若在"ID"处输入了"container"，却没单击"新建 CSS 规则"按钮，而是单击"确定"按钮，则会直接结束"插入 Div"的操作，无法设置 CSS 规则。若想重新设置 CSS 规则，可在"CSS 设计器"面板中进行如下操作：

（1）在"源"窗口单击" + "按钮，选择"在页面中定义"。

（2）在"选择器"窗口单击" + "按钮，在文本框中输入标签 ID 选择器名称"#container"。

（3）在"属性"窗口单击"布局" 按钮，设置 width 为 855 px，设置 margin 的 margin-top 为 0 px，margin-bottom 为 0 px，margin-left 为 auto，margin-right 为 auto。

4. 设置 DIV 的 CSS 规则：设置方框宽度为 855 px，上下边界都为：0 px，左右边界都为：auto，如图 17-5 所示。单击两次"确定"按钮。则插入了一个名称为"#container"的 DIV。

5. 在 DIV 内插入 Header：删除 DIV 内文本，单击"插入"→"Header"命令，打开"插入 Header"对话框，按图 17-6 所示设置参数，在"ID"处输入"ym"，单击"确定"按钮。

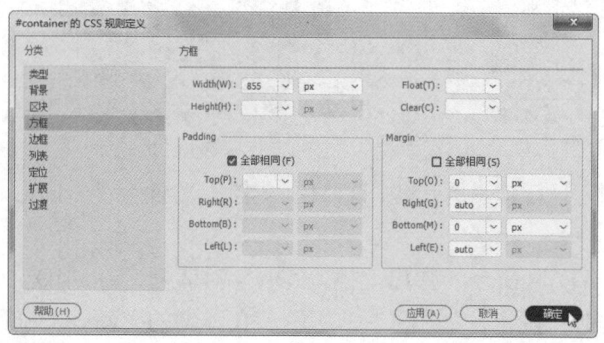

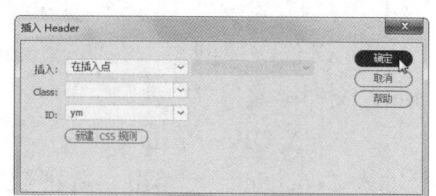

图17-5 "#container 的 CSS 规则定义"对话框   图17-6 "插入 Header"对话框

6. 在 Header 中插入图像：删除 Header 中的文本，将站点 tour\image 下的图像文件"中秋 1.jpg"拖入 Header 中，设计视图效果如图 17-7 所示。

图 17-7　插入 图像文件"中秋 1.jpg"

7. 在 Header 后插入 Navigation：单击"插入"→"Navigation(N)"命令，弹出"插入 Navigation"对话框，按图 17-8 所示设置参数，在"ID"处输入"lj"。单击"新建 CSS 规则"按钮，创建 ID 名称 CSS 样式"#lj"。设置 CSS 样式：文本行高 35 px, 方框高度 32 px，上边界 15 px，下边界 8 px，文本居中对齐。单击两次"确定"按钮，则在 Header 后插入了 Navigation。

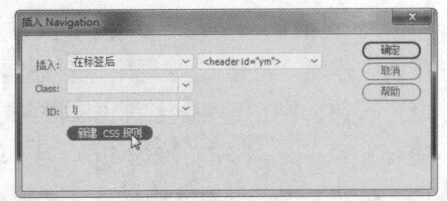

图17-8　"插入 Navigation"对话框

8. 复制文字到 Navigation 并设置链接: 删除 Navigation 中的"此处显示 id"lj"的内容"，打开 tour 站点下的"文字素材 .txt"文件，将相应文字复制到此处，将"中秋节习俗""中秋节诗句""中秋节传说""中秋节对联"设置空链接，将"返回主页"设置链接到 tour 站点下的"index.html"文件，目标为 _blank。

9. 添加并设置复合内容选择器: 在"CSS 设计器"面板中，单击"选择器"左边的"添加"按钮，输入复合内容选择器名称"#container #lj a:link, #container#lj a:visited"。单击"属性"的文本属性按钮，设置文本颜色为"#63A7D8"，文本大小为"large"，文本修饰为"none"。

10. 重复第 9 步：在"CSS 设计器"面板中，单击"选择器"左边的"添加"按钮，输入复合内容选择器名称"#container#lj a:hover"。单击"属性"的文本属性按钮，设置文本颜色为"#FF0000"，文本修饰为"underline"。

11. 插入 Main，再在 Main 中插入"#picture"DIV：单击"插入"→"Main"命令，弹出"插入主要内容" 对话框，按图 17-9 所示设置参数，在"ID"处输入"content"，单击"确定"按钮，创建 ID 名称"content"， 则在 Navigation 后插入了 .Main。删除 Main 中的"此处显示 id'content'的内容"，单击"插入"→"Div(D)"命令，弹出"插入 Div"对话框，按图 17-10 所示设置参数，在"ID"处输入"picture"，单击"新建 CSS 规则"按钮，弹出"新建 CSS 规则"对话框，在"选择器名称:"处默认显示"#picture"，单击"确定"按钮，则创建 ID 名称 CSS 样式"#picture"。设置 CSS 样式：方框宽度"260 px"，浮动为左，上边界 0 px，左边界 0 px，方框对齐方式为左对齐。单击两次"确定"按钮，则在 Main 中插入了一个名称为"#picture"的 DIV。

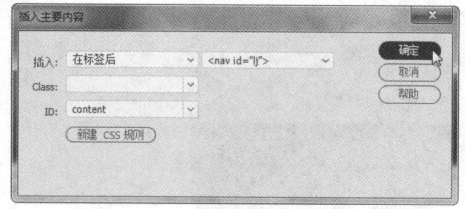

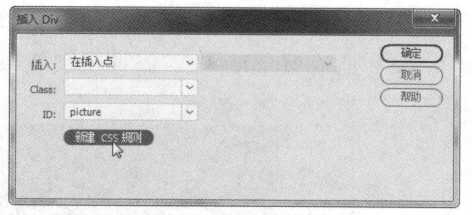

图17-9 "插入主要内容"对话框　　　　　　　图17-10 "插入 Div"对话框

12. 在"#picture"DIV 中插入表格：删除"picture"DIV 中的文本"此处显示 id "picture" 的内容"，插入一个 2 行 1 列的表格，设置：表格宽度 100%，边框粗细 =0，单元格边距 =0，单元格间距 =0。将站点 tour\image 下的图像文件"中秋 2.jpg"拖入表格第一行，将"中秋 3.jpg"拖入表格第二行，设置这两个图像文件的宽度均为 253 px。

13. 在"#picture"DIV 后插入 Article：单击"插入"→"Article"命令，弹出"插入 Article"对话框，按图 17-11 所示设置参数，在"ID"处输入："pic-txt"，单击"新建 CSS 规则"按钮，弹出"新建 CSS 规则"对话框，在"选择器名称"处默认显示"#pic-txt"，单击"确定"按钮，则创建 ID 名称 CSS 样式"#pic-txt"。设置 CSS 样式：方框宽度"850 px"，填充上为 0 px，下左右均为 5 px，上下左右边界均为 0 px，对齐方式为左对齐。单击两次"确定"按钮，则在 Main 中插入了一个名称为"#pic-txt"的 Article。

14. 复制文字到 Article 中：删除 Article 中的"此处显示 id 'pic-txt' 的内容"，打开 tour 站点下的"文字素材 .txt"文件，将相应的中秋节介绍文字复制到此处。

15. 设置 #pic-txt 的 CSS 属性：在"CSS 设计器"面板中，在"选择器"选择标签名称"#pic-txt"。单击"属性"的文本属性按钮，设置文本颜色为"#012C9C"，字号为 19 px，字体为楷体，居左显示。

16. 在 Main 后插入 Footer：单击"插入"→"Footer"命令，弹出"插入 Footer"对话框，按图 17-12 所示设置参数，在"ID"处输入"yj"，单击"新建 CSS 规则"按钮，弹出"新建 CSS 规则"对话框，在"选择器名称"处默认显示"#yj"，单击"确定"按钮，则创建 ID 名称 CSS 样式"#yj"。设置 CSS 样式：字体为微软雅黑，字号 12 px，行高 50 px，字体颜色 #FFFFFF，文本居左对齐，方框宽度 50 px，Clear(C) 为 both，背景图像为站点 tour\image 下的图像文件"中秋 4.jpg"。单击两次"确定"按钮，则在 Footer 中插入了一个名称为"#yj"的 Footer。

17. 复制文字到 Footer 中：删除 Footer 中的"此处显示 id "yj" 的内容"，打开 tour 站点下的"文字素材 .txt"文件，将相应文字"广西旅游网版权所有"复制到此处。

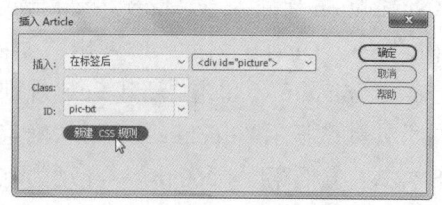

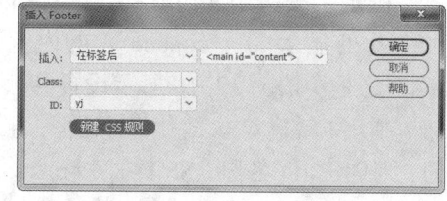

图17-11 "插入 Article"对话框　　　　　　图17-12 "插入 Footer"对话框

18. 保存网页，退出 Dreamweaver CC，网页浏览效果如图 17-13 所示的样张 1，CSS 规则代码如图 17-14 所示的样张 2。

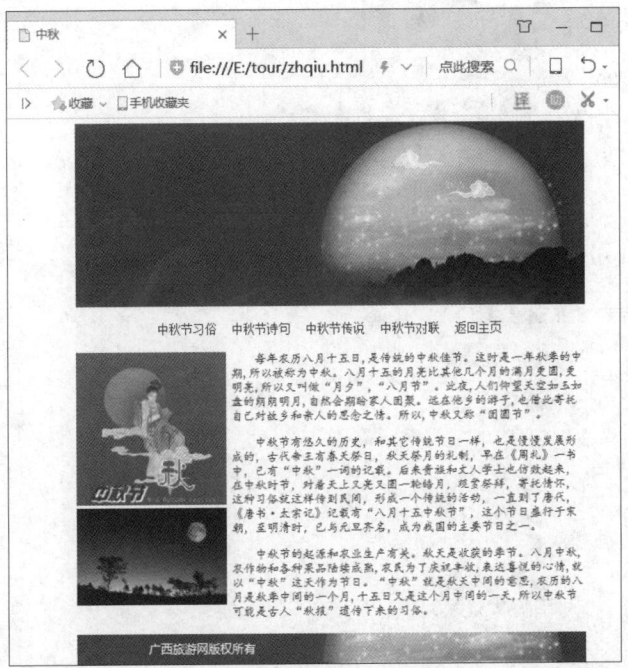

图17-13　样张 1 zhqiu.html

```
<style type="text/css">
#container  {
    width: 855px;
    margin-top: 0px;
    margin-right: auto;
    margin-bottom: 0px;
    margin-left: auto;
}
#lj {
    font-family: Cambria, "Hoefler Text", "Liberation Serif", Times, "Times
New Roman", serif;
    line-height: 35px;
    text-align: center;
    height: 35px;
    margin-top: 15px;
    margin-bottom: 8px;
}
#container #lj a:link, #container #lj a:visited  {
    color: #63A7D8;
    font-size: large;
    text-decoration: none;
}
#container #lj a:hover  {
    color: #FF0000;
    text-decoration: underline;
}
#picture {
    text-align: left;
    float: left;
```

图17-14　样张 2 zhqiu.html 的 <style> </style> 标签中的代码

```
    width: 260px;
    margin-top: 0px;
    margin-left: 0px;
}
#pic-txt {
    text-align: left;
    width: 850px;
    margin-top: 0px;
    margin-right: 0px;
    margin-bottom: 0px;
    margin-left: 0px;
    padding-top: 0px;
    padding-right: 5px;
    padding-bottom: 5px;
    padding-left: 5px;
    color: #012C9C;
    font-size: 19px;
    font-family: " 楷体 ";
}
#yj {
    font-family: " 微软雅黑 ";
    line-height: 50px;
    background-image: url(image/%E4%B8%AD%E7%A7%8B4.jpg);
    clear: both; height:50px;
    text-align: left;
    font-size: 12px;
    color: #FFFFFF;
}
</style>
```

图17-14 样张 2 zhqiu.html 的 <style> </style> 标签中的代码（续）

三、思考题

1. 创建站点有多少种方法？站点与网页有什么关系？
2. 如何在站点中添加、删除、重命名网页？
3. 设置好一个标签的 CSS 规则后，如何修改？
4. 如何删除一个已建好的标签？

实验 18　网页交互设计

一、实验目的

1. 掌握制作网页交互特效的基本方法。
2. 了解文件面板、行为面板、插入面板的功能和设置方法。
3. 了解 HTML 源代码的基本构成。

网页交互设计

二、实验内容（说明：此实验要用到实验16、实验17的部分结果）

1. 在 E:\tour 下，将文件 index.html 重命名为 index1.html。

2. 新建空白网页：启动 Dreamweaver CC，在站点 tour 下新建一个空白的网页文件 index.html。打开 index.html，设置标题为"广西开心旅游网"。

3. 插入表格：进入设计视图，单击"插入"→"Table"命令，插入一个 2 行 1 列的表格，边框粗细为 0，单元格边距 =3，单元格间距 =3，表格对齐方式为居中对齐，所有单元格均居中对齐。

4. 在单元格中插入图像和文字：将第 1 行单元格拆分为 2 列，将站点 tour\image 下的图像文件 pic.jpg 用鼠标拖入第 1 行第 1 列，设置图像宽 250 px，高 137 px，设置第 1 行第 1 列列宽为 30%，在第 1 行第 2 列输入"九月金秋，广西开心旅游"，字体为"叶根友毛笔行书 2.0 版"，大小 60 px，颜色 #F58126，居中对齐，加粗显示。

5. 插入表格，制作导航栏：在表格第 2 行定位光标，单击"插入"→"Table"命令，插入一个 1 行 8 列的表格，边框粗细为 0，单元格边距 = 单元格间距 =3，表格对齐方式为居中对齐。所有单元格均设置：文字居中对齐，宽 12%，背景颜色 #086997，字体颜色 #FCF9A7。在这 8 个单元格中依次输入文字：首页、南宁、桂林、柳州、北海、中秋节、天气、酒店。

6. 制作欢迎窗口：用鼠标选择文字"九月金秋，广西开心旅游"，打开"行为"面板，在"行为"面板中单击添加行为按钮 +，选择"弹出信息"，在"弹出信息"对话框中输入文字："欢迎光临广西开心旅游网！ 欢迎加入九月金秋开心旅游！"，单击"确定"按钮。在"行为"面板中打开事件菜单，选择相应的事件"onClick"。

7. 浏览效果：保存网页，网页效果如图 18-1 所示。在"九月金秋，广西开心旅游"所在单元格区域上单击，则弹出欢迎窗口。

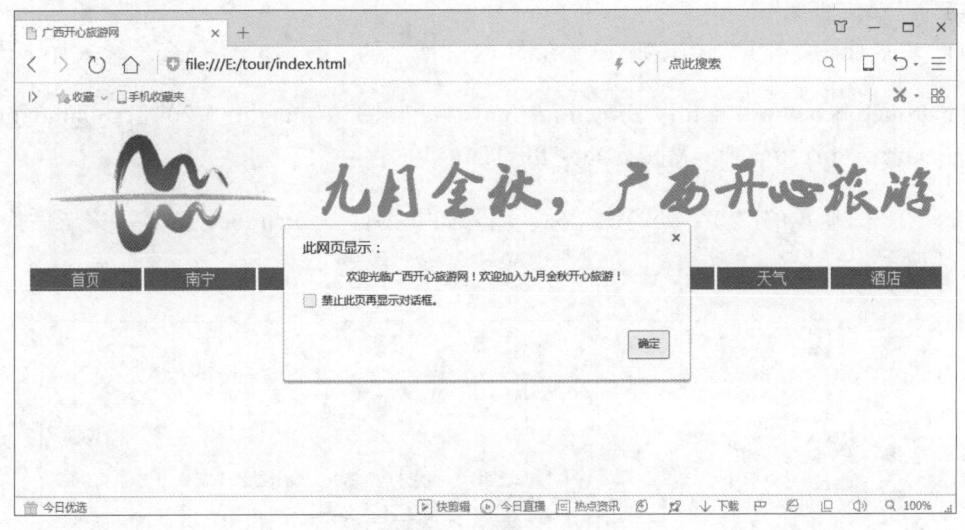

图18-1　欢迎窗口效果

8. 设置链接：将"南宁"、"柳州"、"天气"和"酒店"设置为空链接，将表格中的"首页"文字设置链接到 E:\tour\index.html。将表格中的"桂林"文字设置链接到 E:\tour\guilin.html，目标 (G)：new。将表格中的"北海"文字设置链接到 E:\tour\beihai.html，目标 (G)：_blank。将表格中的"中秋节"文字设置链接到 E:\tour\ zhqiu.html，目标 (G)：_blank。对所有的 8 个链接在页面属性中设置链接（CSS）：链接颜色、已访问颜色、活动链接均为 #FCF9A7，下划线设置为：始终无下划线。

9. 插入表格：在设计视图中，在表格外单击。单击"插入"→"Table"命令，在表格外插入一个 8 行 2 列的表格，边框粗细为 0，单元格边距 =3，单元格间距 =3，表格对齐方式为居中对齐，所有单元格均居中对齐。将第 1 行~第 5 行的第 2 列合并所有单元格，并在此单元格插入图像文件"象鼻山.jpg"，设置"象鼻山.jpg"图像宽 584 px，高 317 px，第 6 行~第 8 行的各自两个单元格合并单元格，第 1 行~第 5 行的第 1 列单元格列宽为 25%，效果如图 18-2 所示。

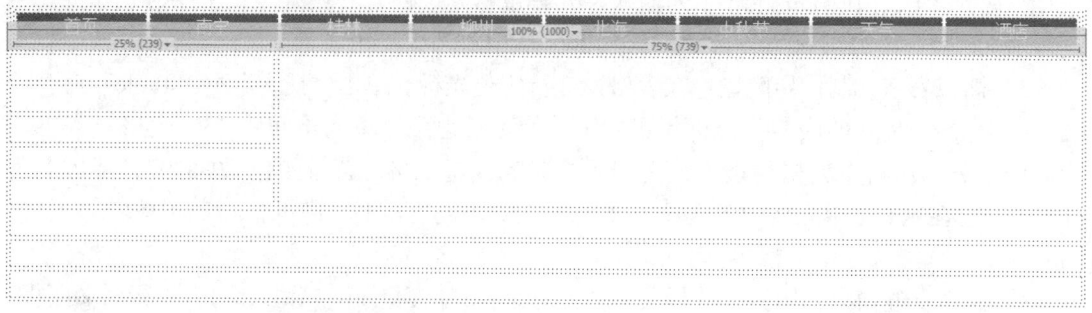

图18-2　插入一个 8 行 2 列的表格

10. 在表格第 1 行第 1 列输入文字"周边热门线路"，在表格第 3 行第 1 列输入文字"出境游"，在表格第 4 行第 1 列输入文字"国内游"，在表格第 5 行第 1 列输入文字"团体游"。打开素材文件 E:\tour\ 文字素材 .txt，将相应旅游方案文字复制到表格第 2 行第 1 列中。设置第 1 行第 1 列、第 3 行第 1 列~第 5 行第 1 列的单元格背景颜色为 #F58126，字体均为"微软雅黑"。

11. 添加代码：单击"代码视图"，在图 18-3 所示的"①"处定位光标，输入如下代码：

```
<marquee behavior="scroll" direction="up" width="350" height="120" scrollamount="1" onMouseOver="this.stop()" onMouseOut="this.start()">
```

在图 18-3 所示的"②"处定位光标，输入如下代码：</marquee>。输入完毕后代码如图 18-4 所示。

```
56 ▼    <tbody>
57 ▼      <tr>
58          <td width="25%" align="center" bgcolor="#F58126">周边热门线路</td>
59          <td width="75%" rowspan="5"> </td>
60        </tr>                              ①
61 ▼      <tr>
62 ▼        <td>
63            <p style="font-family: '微软雅黑'">北海+涠洲岛3日2晚半自助·年轻火山岛+影视拍摄
              基地+蓬莱涠洲·赠：金秋海鲜大餐￥1235起</p>
64            <p style="font-family: '微软雅黑'">广西南宁+德天瀑布+北海+桂林+漓江+阳朔6日5
              晚跟团游￥2123起</p>
65            <p style="font-family: '微软雅黑'">北海+涠洲岛2日1晚跟团游·风味海鲜餐
              ￥1000</p>
66            <p style="font-family: '微软雅黑'">桂林+阳朔+漓江3日2晚跟团游·中秋大放价·下单
              立减800￥1280</p>
67            <p><span style="font-family: '微软雅黑'">广西三江3日2晚跟团游·三江侗族风情+程
              阳风雨桥大侗寨￥1053起</span><br>
68          </p></td>
69        </tr>
70 ▼      <tr>       ②
71          <td align="center" bgcolor="#F58126">出境游</td>
72        </tr>
```

图18-3　输入代码前

```
56 ▼      <tbody>
57 ▼        <tr>
58            <td width="25%" align="center" bgcolor="#F58126">周边热门线路</td>
59            <td width="75%" rowspan="5"> </td>
60          </tr>
61 ▼        <tr>
62 ▼          <td>
63 ▼            <marquee behavior="scroll" direction="up" width="350" height="160"
                scrollamount="1" onMouseOver="this.stop()" onMouseOut="this.start()">
64              <p style="font-family: '微软雅黑'">北海+涠洲岛3日2晚半自助·年轻火山岛+影视拍摄
                基地+蓬莱涠洲·赠：金秋海鲜大餐￥1235起</p>
65              <p style="font-family: '微软雅黑'">广西南宁+德天瀑布+北海+桂林+漓江+阳朔6日5晚跟
                团游￥2123起</p>
66              <p style="font-family: '微软雅黑'">北海+涠洲岛2日1晚跟团游·风味海鲜餐￥1000</p>
67              <p style="font-family: '微软雅黑'">桂林+阳朔+漓江3日2晚跟团游·中秋大放价·下单立减
                800￥1280</p>
68              <p><span style="font-family: '微软雅黑'">广西三江3日2晚跟团游·三江侗族风情+程阳风
                雨桥大侗寨￥1053起</span><br>
69            </p></marquee></td>
70          </tr>
71 ▼        <tr>
72            <td align="center" bgcolor="#F58126">出境游</td>
```

图18-4　输入代码后

12. 设置"外观（CSS）"：背景图像为 E:\tour\imag\ 蝴蝶 .jpg，保存网页。网页效果如图 18-5 所示，在公告框内出现文本向上滚动的效果。

图18-5　公告框文本滚动效果

13. 制作版权栏：选择表格的第 6 ~ 8 行，设置：背景色 #288515，文字居中，字体颜色 #FFFFFF。在表格的第 6 ~ 8 行分别输入文字："广西开心旅游网版权所有"、"24 小时热线电话：0771-12345678"和"请联系我们：12345678@qq.com"。

14. 建立邮件链接：选择文字"12345678@qq.com"，建立电子邮件链接，电子邮件地址为：12345678@qq.com。

15. 保存网页，退出 Dreamweaver CC。网页效果如图 18-6 所示的样张 1。在文字"九月金秋，广西开心旅游"上单击，效果如图 18-7 所示的样张 2。

图18-6 样张1 index.html

图18-7 样张2 index.html

三、思考题

1. 如何调整滚动的方向？如何改变公告框的宽度和高度？

2. 如何实现文件下载功能？

3. 添加链接时，目标设置为 _blank 或 new，各表示什么意思？

4. 在图18-6中，导航栏"首页"和滚动公告框上方的"周边热门线路"的左边界对不齐，如何解决？

5. 在第12步设置背景图像时，若显示的背景图像效果不理想，如何调整？

实验 19 DIV+CSS 布局代码编写练习

一、实验目的

1. 掌握 DIV+CSS 布局的设计规划流程。
2. 灵活运用 CSS 中的 DIV 方框定位、CSS 规则定义和 float 浮动属性。
3. 练习编写 HTML 和 CSS 代码。

二、实验内容

利用 CSS+DIV 布局创建志愿者网页，如图 19-1 所示。根据图像及文字素材的大小，网页布局总规划大小为 800 像素 × 600 像素，选用基于浮动的固宽布局进行设计，如图 19-2 所示。

图19-1 志愿者网页效果图　　　　　　图19-2　布局设计

1. 在 Dreamweaver 中将包括有图片素材的 hero 目录定义为站点。在站点根目录下新建文件 volunteer.html 并打开。

2. 切换到"拆分"和"设计"视图，在代码窗口的 <body> 标签对中输入以下代码，按照布局设计图，建立六个 <div> 方框。请注意方框的包含关系。

```
<body>
  <div id="box">
    <div id="banner"></div>
    <div id="left"></div>
    <div id="middle"></div>
    <div id="right"></div>
    <div id="bottom"></div>
  </div>
</body>
```

3. 依次单击菜单栏的"文件"→"新建"→"新建文档"→"CSS"命令，单击"创建"按钮，新建一个 CSS 文件，并保存在站点根目录下起名为 zyz.css。

4. 在 volunteer.html 文件的 <head> 标签对中插入一行链接外部样式表 zyz.css 的语句：

```
<link rel="stylesheet" type="text/css" href="zyz.css">
```

5. 在外部样式表 zyz.css 中输入六个 <div> 方框的宽度、高度，并设置 float 属性，代码如下所示。其中，"left"和"middle"方框向左浮动，"right"方框向右浮动，"bottom"方框清除浮动。

```
#box {
    height: 600px;
    width: 800px;
}
#banner {
    height: 182px;
    width: 800px;
}
#left {
    float: left;
    height: 200px;
    width: 150px;
}
#middle {
    float: left;
    height: 237px;
    width: 77px;
    }
#right {
    float: right;
    height: 250px;
    width: 400px;
    }
#bottom {
    clear: both;
    height: 112px;
    width: 800px;
}
```

6. 切换到 volunteer.html 文件的 HTML 源代码中，将光标置于 <div id="banner"></div> 的中间，输入 <img src="pic/banner.jpg">，如图 19-3 所示。

图19-3　插入banner.jpg图像

> **提示**：用鼠标将 banner.jpg 图像从文件面板拖进"banner"方框也可实现同样效果，当 <img> 标签没能如愿自动放进对应方框内时，可手动调整 HTML 代码位置。

7. 同理，将 bottom.jpg 图像放入对应方框，即生成以下代码：<div id="bottom"><img src="pic/bottom.jpg"></div>。同理，将 board.jpg 图像放入"middle"方框中。

8. 在 HTML 源代码的"left"和"right"方框中输入以下代码，实现以列表形式添加导航栏文字，以段落方式添加介绍文本。

```
<div id="left">
    <ul>
        <li> 加入志愿者 </li>
        <li> 志愿者风采 </li>
        <li> 培训与课件 </li>
        <li> 志愿者权益 </li>
        <li> 志愿者心得 </li>
        <li> 志愿地图 </li>
        <li> 项目创意 </li>
        <li> 证书查询 </li>
        <li> 了解我们 </li>
    </ul>
</div>
<div id="right"><p class="txt"> 中国青年志愿者协会……以下省略多字，请复制 text.
txt 文件内容 </p></div>
```

9. 在 zyz.css 文件末尾输入如下关于 <li>、<p class="txt"> 和 <body> 标签的 CSS 规则，网页效果和 CSS 设计器面板如图 19-4 所示。

```
li {
    background-image: url(pic/jiantou.gif);
    background-repeat: no-repeat;
    background-position: left bottom;
    margin-top: 2px;
    padding-left: 25px;
    list-style-type: none;
}
.txt{
    padding-right: 25px;
    padding-top: 25px;
}
body {
    font-family: " 宋体 ";
    font-size: 14px;
    color: #666;
}
```

> **说明**：本例中的 banner 图和 bottom 图也可置于 CSS 代码中，以 background-image 属性存在，作为方框背景图有利于在上方输入文字。

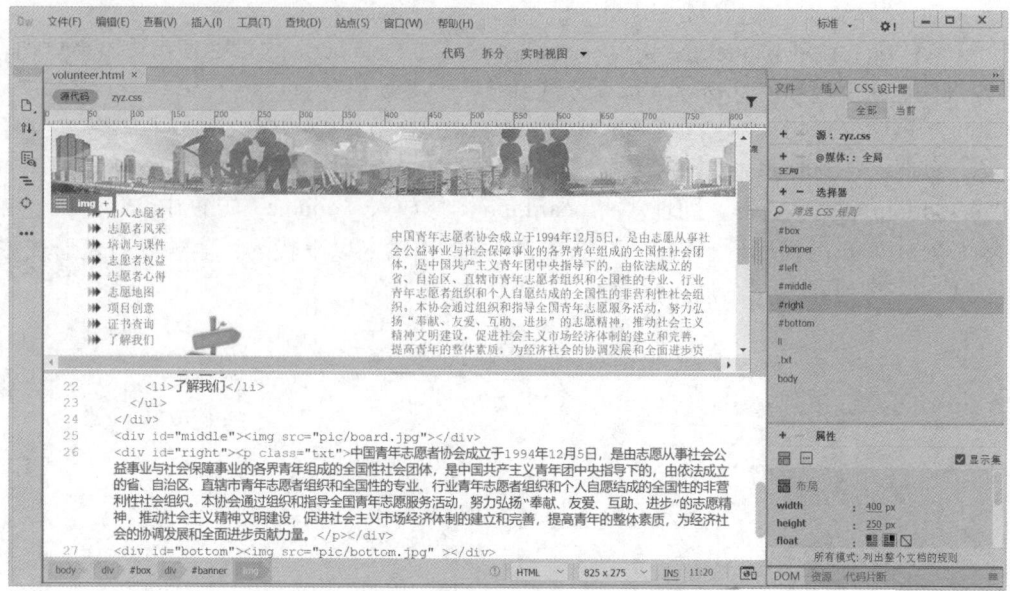

图19-4　网页效果和CSS设计器面板

三、思考题

1. 请修改代码，将 bottom.jpg 图像设置为方框背景图，并在其上输入版权文字。
2. 上例的网页与浏览器上边缘有一定的空隙，如何消除？
3. 上例的网页在浏览时处于偏左位置，如要居中显示，应该如何修改代码？

第2部分 习 题

第1章 计算机概论

1. 电子计算机能自动、高速、精确地进行计算和信息处理是由于采用了_____的工作原理。
   - A. 存储程序和程序控制
   - B. 大规模集成电路
   - C. 机器语言
   - D. 二进制数制

2. 下列说法_____是正确的。
   - A. 计算机就是电脑，可以代替人的大脑
   - B. 人工智能的主要目的是用计算机来代替人的大脑
   - C. 信息是人类的一切生存活动和自然存在所传达出来的信号和消息
   - D. 计算机是一种信息处理机，它能处理所有的信息

3. 美国研制成功的世界上第一台电子计算机是_____。
   - A. EDVAC
   - B. ENIAC
   - C. UNIVAC
   - D. DESAC

4. 世界上第一台电子计算机是_____的科学家研制成功的。
   - A. 1946 年由德国
   - B. 1945 年由英国
   - C. 1946 年由美国
   - D. 1945 年由法国

5. 世界上第一台电子计算机主要是为了进行_____而设计的。
   - A. 过程控制
   - B. 科学计算
   - C. 数据处理
   - D. 人工智能

6. 根据计算机所采用的主要元器件不同，计算机的发展经历了四个时代，分别是_____时代。
   - A. 电子管、继电器、集成电路、大规模集成电路
   - B. 电子管、路由器、集成电路、大规模集成电路
   - C. 电子管、晶体管、集成电路、大规模集成电路
   - D. 电子管、超导体、集成电路、大规模集成电路

7. 世界上第一台电子计算机采用的主要元器件是_____。
   - A. 电子管
   - B. 晶体管
   - C. 集成电路
   - D. 大规模集成电路

8. 下列关于计算机的叙述正确的是_____。
   - A. 世界上第一台电子计算机是 EDVAC，首次实现了存储程序方案
   - B. 按照计算机的规模，人们把计算机的发展过程分为四个时代
   - C. 微型计算机最早出现于第三代计算机中
   - D. 第五代计算机指具有人工智能的新一代计算机

9. 新一代计算机主要是指_____。
   - A. 光子计算机
   - B. 生物计算机
   - C. 量子计算机
   - D. 以上都对

10. 按信息表示形式和处理方式的不同进行分类，通常所说的计算机指的是_____。
    - A. 微型计算机
    - B. 模拟计算机

    C．数字计算机   D．数字模拟混合计算机

11．计算机分为巨型机、大型机、小型机和微型机，主要是按计算机的_____划分的。

    A．价格   B．体积   C．规模和性能   D．用途

12．巨型计算机的主要特点是_____。

    A．功能强大   B．体积庞大   C．重量巨大   D．耗电量大

13．_____是体积小、价格低、使用方便的计算机。

    A．巨型计算机   B．大型计算机   C．小型计算机   D．微型计算机

14．"神威·太湖之光"计算机属于_____计算机。

    A．小型计算机   B．大型计算机   C．巨型计算机   D．微型计算机

15．专门为某种用途而设计的数字计算机，称为_____计算机。

    A．混合   B．微型   C．通用   D．专用

16．用途广泛、功能齐全，可适用于各个领域的数字计算机，称为_____计算机。

    A．小型   B．通用   C．模拟   D．专用

17．下列有关计算机的描述，正确的是_____。

    A．数字计算机是指用数字"0"和"1"来表示信息的计算机

    B．模拟计算机是指用离散信号表示信息的计算机

    C．大型计算机是指处理大型事务的计算机

    D．微型计算机是指处理微小事务的计算机

18．计算机分为台式计算机、笔记本式计算机、嵌入式计算机、平板计算机和智能手机，主要是按计算机的_____划分的。

    A．用途   B．外观   C．规模和性能   D．信息表示形式

19．平板计算机由_____提出，分为 ARM 架构（代表产品为 iPad 和安卓平板计算机）与 x86 架构（代表产品为 Surface Pro）。

    A．比尔·盖茨   B．史蒂夫·乔布斯   C．马克·扎克伯格   D．埃隆·马斯克

20．对船舶、飞机、汽车、机械、服装进行设计、绘图属于_____。

    A．计算机辅助设计   B．计算机辅助制造   C．实时控制   D．人工智能

21．以下不属于计算机辅助技术的是_____。

    A．CAI   B．CAD   C．CAK   D．CAM

22．CAI为下列_____的简称。

    A．计算机辅助设计   B．计算机辅助教学   C．计算机辅助制造   D．计算机辅助控制

23．CAM是计算机应用领域中的一种，其含义是_____。

    A．计算机辅助设计   B．计算机辅助制造   C．计算机辅助教学   D．计算机辅助测试

24．图书管理系统属于计算机在_____中的应用。

    A．计算机辅助设计   B．科学计算   C．人工智能   D．数据处理

25．以下不属于数据处理三个发展阶段的是_____。

    A．电子数据处理   B．管理信息系统   C．人工智能   D．决策支持系统

26．_____是利用计算机系统进行生产设备的管理、控制和操作的过程。

    A．计算机辅助设计   B．计算机辅助制造   C．人工智能   D．过程控制

27. _____是利用计算机及时采集检测数据，按最优值迅速地对控制对象进行自动调节或自动控制。

    A．计算机辅助设计　B．计算机辅助制造　C．人工智能　　　　D．计算机过程控制

28. 计算机集成制造系统（CIMS）是将_____技术集成，实现设计和生产自动化。

    A．CAI 和 CAM　　B．CAD 和 CAI　　C．CAD 和 CAM　　D．CAD 和 CAK

29. _____是计算机执行计算时遵循的数学模型。

    A．计算模型　　　B．计算方法　　　C．计算理论　　　D．计算科学

30. _____提出了一种抽象计算模型，由一个虚拟的机器替代人们进行数学运算。

    A．图灵　　　　　B．阿塔诺索夫　　C．冯·诺依曼　　D．帕斯卡

31. 计算机科学理论的奠基人是_____。

    A．巴贝奇　　　　B．图灵　　　　　C．霍勒瑞斯　　　D．冯·诺依曼

32. 美国计算机协会在 1966 年设立了_____，以表彰在计算机科学领域中做出突出贡献的科学家。

    A．诺贝尔奖　　　B．图灵奖　　　　C．爱因斯坦奖　　D．冯·诺依曼奖

33. _____对研制计算机做出了重大贡献，被称为现代电子计算机之父。

    A．图灵　　　　　B．莱布尼茨　　　C．冯·诺依曼　　D．莫奇莱

34. 计算机发展至今，均由运算器、控制器、存储器、输入和输出设备组成，称为_____体系结构。

    A．艾伦·图灵　　B．罗伯特·诺依斯　C．比尔·盖茨　　D．冯·诺依曼

35. 冯·诺依曼为现代计算机的结构奠定了基础，主要设计思想是_____。

    A．程序存储　　　B．数据存储　　　C．虚拟存储　　　D．算法存储

36. 现代计算机在性能等方面发展迅速，但是_____并没有发生变化。

    A．耗电量　　　　B．体积　　　　　C．运算速度　　　D．基本工作原理

37. 计算机的"存储程序和程序控制"的工作原理是由_____提出来的。

    A．乔治·布尔　　B．霍勒瑞斯　　　C．冯·诺依曼　　D．帕斯卡

38. 计算机已发展到了第四代，计算机的_____仍然没有改变。

    A．外型结构　　　B．总线结构　　　C．存取结构　　　D．体系结构

39. 下列不属于冯·诺依曼对计算机发展的主要贡献的是_____。

    A．提出存储程序和程序控制的计算机工作原理

    B．提出二进制数及其运算法则

    C．提出将指令和数据当作同一信息进行处理的存储方式

    D．确定了计算机的体系结构

40. 关于冯·诺依曼体系结构的特点，下列说法不正确的是_____。

    A．数据用二进制数表示，指令用十进制 ASCII 码表示

    B．存储器是字长固定的，顺序线性编址的一维结构

    C．采用存储程序的方式，程序和数据都以同等地位存放于存储器内，并可按址寻访

    D．计算机硬件由运算器、控制器、存储器、输入设备和输出设备五大部分组成

41. 下列冯氏计算机工作步骤不正确的是_____。

A．将程序和数据通过输入设备送入存储器

B．从存储器中取出程序指令送到控制器进行处理，分析该指令要做什么事

C．运算器根据指令的含义发出相应的命令

D．当运算任务完成后，将结果通过输出设备输出

42．下列关于哈佛结构计算机的说法，错误的是_____。

A．大部分 RISC（精简指令系统）计算机采用哈佛结构

B．程序指令存储和数据存储分开，可以使指令和数据有不同的数据宽度

C．大部分工业计算机和智能手机采用哈佛结构

D．哈佛结构计算机容易造成指令与数据传输的冲突

43．与冯·诺依曼结构相比，哈佛结构的主要特点是_____。

A．使用一个存储器模块，同时存储指令和数据

B．使用 3 个独立的存储器模块，分别存储指令、地址和数据

C．使用一条总线，作为 CPU 与存储器之间的通信路径

D．使用两条独立的总线，分别作为 CPU 与存储器之间的专用通信路径

44．_____就是流水线技术，即采用指令预取技术，将每个指令分成多步，各步间叠加操作，当前指令完成前，后一指令准备就绪，缩小指令执行的时钟周期。

A．时间上的并行计算　　　　　　　B．空间上的并行计算

C．单指令多数据流（SIMD）　　　　D．多指令多数据流（MIMD）

45．关于空间上的并行计算，下列说法不正确的是_____。

A．空间上的并行计算分为单指令多数据流（SIMD）和多指令多数据流（MIMD）两类

B．SIMD 是流水技术的扩展，可以在一个时钟周期处理多个指令

C．空间并行计算技术包括数据并行计算和任务并行计算

D．空间上的并行计算是典型的以时间换空间

46．关于计算机内部信息采用二进制表示的原因，以下说法正确的是_____。

A．技术上容易实现　B．可靠性高　　　C．运算规则简单　　D．以上都对

47．以下关于二进制的论述，错误的是_____。

A．二进制数的基数是 2　　　　　　B．二进制进位规则逢二进一

C．二进制只有 0 和 1 两个数码

D．二进制数不能转换成八进制数、十进制数和十六进制数

48．计算机中二进制的进位规则是_____。

A．逢十六进一　　　B．逢八进一　　　C．逢二进一　　　D．逢十进一

49．为了避免混淆，十六进制数在书写时常在后面加字母_____。

A．D　　　　　　　　B．X　　　　　　C．H　　　　　　　D．B

50．计算机中的位和字节用英文表示分别为_____。

A．bit，Byte　　　　B．Byte，Word　　C．unit，bit　　　　D．Word，Unit

51．计算机中存储信息的最小单位是_____。

A．字节　　　　　　B．Byte　　　　　C．字　　　　　　　D．bit

52．存储器容量的基本单位是_____。

　　A．位　　　　　　　B．字节　　　　　　C．字　　　　　　　D．比特

53．若计算机的内存为 4 GB，也就是说，其内存有_____字节的存储容量。

　　A．4×2^{30}　　　　　　　　　　B．4×2^{20}

　　C．4×2^{10}　　　　　　　　　　D．$4\times1024\times1024\times512$

54．将十进制数 97 转换为二进制数，正确的是_____。

　　A．1011110　　　B．1011101　　　C．1100101　　　D．1100001

55．下列二进制数中与十进制 45.125 等价的是_____。

　　A．101100.011　　B．101101.001　　C．110110.111　　D．110101.101

56．将 $(1101.101)_2$ 转化为十进制数是_____。

　　A．13.625　　　B．13.125　　　C．13.25　　　D．13.5

57．下列数据中可能属于八进制数的是_____。

　　A．27A　　　　B．456　　　　C．876　　　　D．921

58．二进制数 111101011 转换为八进制数是_____。

　　A．762　　　　B．753　　　　C．653　　　　D．631

59．下列二进制数中与八进制数 73.5 等价的是_____。

　　A．111011.101　　B．111100.111　　C．110110.111　　D．110101.101

60．把二进制数 1101011.011111 转成十六进制数是_____。

　　A．6B.73　　　B．6B.7C　　　C．DC.73　　　D．DC.7C

61．下列二进制数中与十六进制数 A8.D 等价的是_____。

　　A．10101001.1011　　B．101100.1011　　C．10101000.1101　　D．101101.1101

62．在不同进制的四个数中，最小的一个数是_____。

　　A．$(1000101)_2$　　B．$(66)_{10}$　　C．$(76)_8$　　D．$(4A)_{16}$

63．下列四组数要求依次为二进制、八进制和十六进制，符合要求的是_____。

　　A．12，10，3D　　B．10，29，1A　　C．11，87，5C　　D．10，67，43

64．下列无符号十进制整数中，能用 8 个二进制位表示的是_____。

　　A．225　　　　B．301　　　　C．417　　　　D．586

65．执行下列二进制数算术加法运算 10100110+00101101，其结果是_____。

　　A．11010101　　　B．11010011　　　C．10111010　　　D．10101110

66．下列"逻辑与"运算，结果不正确的是_____。

　　A．0 AND 0 = 0　　B．0 AND 1 = 1　　C．1 AND 0 = 0　　D．1 AND 1 = 1

67．下列"逻辑或"运算，结果不正确的是_____。

　　A．0 OR 0 = 0　　B．0 OR 1 = 1　　C．1 OR 0 = 0　　D．1 OR 1 = 1

68．执行下列"逻辑或"运算 11010010 OR 01001011，其结果是_____。

　　A．11011011　　　B．11101011　　　C．10101010　　　D．11100101

69．下列关于计算机中数的正负表示，正确的是_____。

　　A．符号位为"0"表示该数为正数，符号位为"1"表示该数为负数

　　B．符号位为"1"表示该数为正数，符号位为"0"表示该数为负数

　　C．符号位为"+"表示该数为正数，符号位为"-"表示该数为负数

    D．符号位为"*"表示该数为正数，符号位为"/"表示该数为负数

70. 下列关于定点数的描述不正确的是_____。

    A．定点数只能是正数不能是负数   B．定点数可以是整数也可以是小数

    C．定点整数小数点默认在二进制数的最后（小数点不占二进制位）

    D．定点小数小数点默认在符号位之后（小数点不占二进制位）

71. 下列关于浮点数的描述正确的是_____。

    A．浮点数小数点位置固定   B．浮点数小数点位置不固定

    C．浮点数只能是正数不能是负数   D．浮点数只有整数部分没有小数部分

72. 下列关于计算机中数的减法运算说法正确的是_____。

    A．一般由减法器而不是由加法器完成   B．转换为正数和负数的原码再相加

    C．转换为正数和负数的反码再相加   D．转换为正数和负数的补码再相加

73. 下列不属于计算机中数的表示方法的是_____。

    A．原码   B．反码   C．补码   D．国标码

74. 下列关于原码、反码、补码的叙述，不正确_____。

    A．正数的反码就是该数的原码   B．正数的补码就是该数的原码

    C．负数的反码是该数的原码除了符号位外，其余各位按位取反

    D．负数的补码是该数的原码加 1

75. 已知 $[X]_{补}$=11010011，则 $[X]_{原}$=_____。

    A．10101101   B．10101000   C．11001000   D．11001010

76. 计算机内部的数据处理形式是_____。

    A．ASCII 码   B．十六进制   C．八进制   D．二进制

77. ASCII 码是表示_____的代码。

    A．各种文字   B．西文字符   C．汉字   D．浮点数

78. 计算机中普遍使用的英文字符编码是_____。

    A．BCD 码   B．拼音码   C．补码   D．ASCII 码

79. ASCII 码用_____位 0、1 代码串来编码。

    A．32   B．7   C．16   D．8

80. 若用 7 个二进制位表示 ASCII 码字符，则最多可表示_____个字符。

    A．56   B．112   C．128   D．256

81. 关于 ASCII 码在计算机中的表示方法，准确的描述应是_____。

    A．使用 8 位二进制，最左边一位是 0   B．使用 8 位二进制，最右边一位是 1

    C．使用 8 位二进制，最右边一位是 0   D．使用 8 位二进制，最左边一位是 1

82. 计算机的编码知识中，下列叙述错误的是_____。

    A．计算机不能直接识别十进制数，但能直接识别二进制数和十六进制数

    B．字形码通常有两种表示方式：点阵和矢量表示方式

    C．一个 ASCII 码在计算机中由八位二进制数构成

    D．GB 2312—1980 规定每个汉字用两个字节来表示

83. 在个人计算机上，比较英文字符大小，实际上是比较它们_____的大小。

　　A. 笔画数　　　　　B. 字母表位置值　　C. ASCII 码　　　　D. 所占存储空间

84. 已知字母 "A" 的二进制 ASCII 编码为 "1000001"，则字母 "B" 的十进制 ASCII 编码为_____。

　　A. 33　　　　　　　B. 65　　　　　　　C. 66　　　　　　　D. 32

85. 已知数字字符 "5" 的 ASCII 码为十进制数 53，则数字字符 "8" 的 ASCII 码为十进制数_____。

　　A. 57　　　　　　　B. 58　　　　　　　C. 59　　　　　　　D. 56

86. 大写字母 B 对应的 ASCII 码为 66，则大写字母 D 的十进制 ASCII 值为_____。

　　A. 69　　　　　　　B. 68　　　　　　　C. 71　　　　　　　D. 65

87. 下列字符中，ASCII 码值最小的字符是_____。

　　A. g　　　　　　　B. G　　　　　　　C. f　　　　　　　D. F

88. 下列字符中，ASCII 码值最大的是_____。

　　A. a　　　　　　　B. Z　　　　　　　C. A　　　　　　　D. 9

89. 字符串"GOODMORNING"和字符串"GOODBYE"的大小是_____。

　　A. "GOODMORNING" > "GOODBYE"　　　B. "GOODMORNING" < "GOODBYE"

　　C. "GOODMORNING" = "GOODBYE"　　　D. 无法比较

90. 按照ASCII码编码方法，下面符号的ASCII码由小到大排列，正确的顺序是_____。

　　A. 数字 – 空格 – 大写英文字母 – 小写英文字母

　　B. 空格 – 数字 – 小写英文字母 – 大写英文字母

　　C. 空格 – 数字 – 大写英文字母 – 小写英文字母

　　D. 数字 – 大写英文字母 – 小写英文字母 – 空格

91. 国标区位、全拼双音、五笔字型是不同种类的汉字_____。

　　A. 外码　　　　　　B. 内码　　　　　　C. 字形码　　　　　D. 交换码

92. 在输入法 "半角" 方式下，输入的一个 ASCII 字符要占用_____个汉字的显示位置。

　　A. 半　　　　　　　B. 2　　　　　　　C. 3　　　　　　　D. 1

93. 在输入法 "全角" 方式下，输入一个ASCII 字符要占用_____个汉字的显示位置。

　　A. 半　　　　　　　B. 2　　　　　　　C. 3　　　　　　　D. 1

94. 半角状态下输入 "ABC 英语" 在个人计算机内部占存储器的字节数为_____。

　　A. 5　　　　　　　B. 10　　　　　　　C. 7　　　　　　　D. 8

95. 输入汉字时，计算机的输入法软件将输入码转换成_____。

　　A. 字形码　　　　　B. 国标码　　　　　C. 区位码　　　　　D. 机内码

96. 在汉字输入法中，以汉字的字形特征来编码的称为_____。

　　A. 音码　　　　　　B. 输入码　　　　　C. 区位码　　　　　D. 形码

97. 中国汉字字符编码是_____。

　　A. GB 2312—1980　B. BSC 码　　　　　C. ASCII 码　　　　D. BIG5

98. 汉字国标码需要_____。

　　A. 一个字节表示　　B. 二个字节表示　　C. 三个字节表示　　D. 四个字节表示

99. 汉字国标码的两个字节中，每个字节的最高位分别是_____。
    A. 1和1　　　　　B. 1和0　　　　　C. 0和1　　　　　D. 0和0

100. 在计算机内部用机内码而不用国标码表示汉字的原因是_____。
    A. 有些汉字的国标码不唯一，而机内码唯一
    B. 在有些情况下，国标码有可能造成误解
    C. 机内码比国标码容易表示
    D. 国标码是国家标准，而机内码是国际标准

101. 汉字在计算机内的表示方法一定是_____。
    A. ASCII 码　　　B. 字形码　　　　C. 国际码　　　　D. 机内码

102. 加工处理汉字信息时，使用汉字的_____。
    A. 外码　　　　　B. 字形码　　　　C. 机内码　　　　D. 国标码

103. 若要打印汉字，将用到汉字编码中的_____。
    A. 输入码　　　　B. 字形码　　　　C. 机内码　　　　D. 交换码

104. 汉字字模是汉字的_____。
    A. ASCII 码　　　B. 机内码　　　　C. 点阵字形信息　　D. 国标码

105. 标准汉字库的容量取决于_____的大小。
    A. 汉字的尺寸　　B. 字模点阵　　　C. 汉字笔画数量　　D. 以上都不是

106. 汉字系统中的汉字字库里存放的是汉字的_____。
    A. 机内码　　　　B. 输入码　　　　C. 字形码　　　　D. 国标码

107. 汉字字形在显示输出时至少需要_____才能较好地表示一个汉字。
    A. 16×16 点阵　　B. 8×8 点阵　　　C. 32×32 点阵　　D. 64×64 点阵

108. 存储一个汉字字形的 24×24 点阵字形用_____个字节。
    A. 128　　　　　B. 32　　　　　　C. 288　　　　　D. 72

109. 存储一个汉字字形的 16×16 点阵和存储一个英文字母字形的 8×8 点阵，所占字节数的比值为_____。
    A. 2:1　　　　　B. 4:1　　　　　C. 8:1　　　　　D. 16:1

110. 一个汉字和一个英文字母编码在磁盘上所占的字节数的比值为_____。
    A. 1:1　　　　　B. 2:1　　　　　C. 3:1　　　　　D. 4:1

111. 国际通用字符编码标准是_____，其目标是收录世界上所有语言的文字和符号，并对每一个字符都定义一个值，这个值称为代码点。
    A. Unicode 码　　B. BIG5　　　　C. ASCII 码　　　D. GB 2312—1980

112. 下列关于图形、图像的描述不正确的是_____。
    A. 图形、图像能承载丰富而大量的信息
    B. 图形、图像能跨越语言的障碍增进交流
    C. 图形、图像表达信息生动直观
    D. 图形、图像数据易于存储、处理

113. 下面关于图形与图像的描述不正确的是_____。
    A. 图形可以表现色彩层次丰富的逼真照片效果

B. 图形又称矢量图，与分辨率无关

C. 图像单位面积内像素点数目越多则图像越清晰

D. 图像又称点阵图像或位图图像，由像素点组成

114. 下列关于矢量图形的概念的说法中不正确的是_____。

　　A. 图形是通过算法生成的　　　　　　B. 图形放大或缩小不会变形、变模糊

　　C. 图形基本数据单位是几何图形　　　D. 图形放大或缩小会变形、变模糊

115. 图像分辨率是指_____。

　　A. 每英寸图像内有多少个像素点　　　B. 屏幕所显示的像素数目

　　C. 图像所包含的像素数目　　　　　　D. 图像所包含的颜色数

116. 下列关于 dpi 的叙述不正确的是_____。

　　A. 每英寸像素点数　　　　　　　　　B. 每英寸的 bit 数

　　C. dpi 越高图像质量越高　　　　　　D. 描述分辨率的单位

117. 关于图像分辨率的描述_____是不正确的。

　　A. 单位是 dpi　　　　　　　　　　　B. 单位长度内像素的数量

　　C. 大小和图像所占空间的大小成正比　D. 大小和图像质量没有关系

118. _____不是图像文件格式。

　　A. TIFF　　　　　B. BMP　　　　　C. JPG　　　　　D. OGG

119. 色彩模型是用数值方法指定颜色的一套规则和定义，常用的有_____模型和 CMYK 模型。

　　A. PSD　　　　　B. CDR　　　　　C. RGB　　　　　D. BMP

120. 图像颜色深度为 16，其最多能够表达_____种颜色。

　　A. 512　　　　　B. 16　　　　　　C. 256　　　　　D. 65 536

121. 下列文件格式在缩放过程中不易失真的是_____。

　　A. JPEG　　　　　B. GIF　　　　　C. PNG　　　　　D. WMF

122. 下列为矢量图形文件格式的是_____。

　　A. CDR　　　　　B. JPEG　　　　　C. GIF　　　　　D. BMP

123. 下列文件格式中都是图像文件格式的是_____。

　　A. GIF，JPEG，BMP，PNG　　　　　B. WMF，JPEG，BMP，PNG

　　C. CDR，JPEG，DOC，PNG　　　　　D. GIF，BMP，WAV，TXT

124. 一幅分辨率为 1 024×768 的色彩深度（16 位）的彩色静态图像的数据量为_____bit。

　　A. 1 024×768×16/8　　　　　　　　B. 1 024×768×8/8

　　C. 1 024×768×16　　　　　　　　　D. 1 024×768×16/8/1 024

125. 一幅分辨率为 1 024×768 的真彩色（24 位）、压缩比为 5:1 的静态图像压缩后的数据量为_____MB。

　　A. 0.71　　　　　B. 0.63　　　　　C. 0.45　　　　　D. 0.31

126. 1 分钟双声道，16 位采样位数，22.05 kHz 采样频率的 WAV 文件约为_____MB。

　　A. 5.05　　　　　B. 5.65　　　　　C. 10.35　　　　D. 10.09

127. 用 44.1 kHz 的采样频率进行采样，量化位数 24 位，则录制 1 s 的立体声节目，其波

形文件所需的存储字节数为_____。

A. 44 100×24/8×2×1
B. 44 100×24/8×2×60
C. 44 100×24/8×1×1
D. 44 100×24/8×1×60

128. 模拟音频信号的数字化要经过_____。

A. 采样、压缩、编码
B. 采样、压缩、量化
C. 采样、量化、编码
D. 采样、编码、压缩

129. 下列关于数码照相机的叙述错误的是_____。

A. 数码照相机的关键部件是 CCD 或者 COMS
B. 数码照相机有内部存储介质
C. 数码照相机拍照的图像可以通过串行口送到计算机
D. 数码照相机输出的是模拟数据

130. 数字音频采样和量化过程所用的主要硬件是_____。

A. A/D 转换器
B. D/A 转换器
C. 数字编码器
D. 数字解码器

131. A/D 转换器的功能是将_____。

A. 数字量转换为模拟量
B. 模拟量转换为数字量
C. 数字量和模拟量混合处理
D. 以上都不对

132. 声音的采样指按照固定的时间间隔截取声音信号的幅度值，单位时间内的采样次数称为_____。

A. 采样分辨率
B. 采样位数
C. 采样频率
D. 采样密度

133. 一般说来，要求声音的质量越高，则_____。

A. 采样频率越低，量化位数越低
B. 采样频率越高，量化位数越低
C. 采样频率越低，量化位数越高
D. 采样频率越高，量化位数越高

134. 下列采样的波形声音质量最好的是_____。

A. 双声道、16 位量化、44.1 kHz 采样频率
B. 双声道、8 位量化、22.05 kHz 采样频率
C. 单声道、8 位量化、44.1 kHz 采样频率
D. 单声道、16 位量化、22.05 kHz 采样频率

135. 对于音频卡的分类_____是正确的。

A. 主要是根据采样的频率来分
B. 主要是根据采样信息的压缩比来分
C. 主要是根据声道数来分
D. 主要是根据采样量化的位数来分

136. 下列不属于声卡主要功能的是_____。

A. 存储声音信号
B. 还原数字音频信号
C. 声音信号的数字化
D. 声音的压缩与解压

137. 目前为网络主流的音频文件格式是_____文件。

A. WAV
B. CD Audio
C. MIDI
D. MP3

138. 标准 CD 音频采样率是_____kHz。

A. 30.1
B. 11.025
C. 22.05
D. 44.1

139. 以下_____文件不是常见的声音文件。

A. MP3
B. WAV
C. WMA
D. PNG

140. _____不是常见的声音文件格式。

　　A．WAV　　　　　　B．MP3　　　　　　C．TIF　　　　　　D．MID

141. 下列_____格式音频文件不可能包含人的声音信号。

　　A．WMA　　　　　　B．MP3　　　　　　C．MIDI　　　　　D．WAV

142. 下列关于 MIDI 叙述不正确的是_____。

　　A．MIDI 是合成声音　　　　　　　　B．MIDI 的回放依赖设备

　　C．MIDI 文件是一系列指令的集合　　D．制作 MIDI 不需要乐理知识

143. 下列关于压缩算法的说法中，不正确的是_____。

　　A．有损压缩在压缩的过程中要丢失一些信息

　　B．有损压缩算法的效果在可接受的范围之内

　　C．无损压缩可完全恢复原始数据而不引起任何失真

　　D．无损压缩算法减少了信息，不能原样恢复原始数据

144. _____标准是用于视频和音频数据压缩的标准。

　　A．MPEG　　　　　　B．PEG　　　　　　C．JPEG　　　　　D．JPG

145. 下列_____文件类型，不属于视频文件。

　　A．JPEG　　　　　　B．MPG　　　　　　C．AVI　　　　　　D．WMV

146. 帧速率往往用于描述视频的播放速度，例如 24 fps，其含义为_____。

　　A．每秒钟播放 24 幅静态图像　　　　B．每分钟播放 24 组动态图像

　　C．每秒钟播放 24 组动态图像　　　　D．每分钟播放 24 幅静态图像

147. 以下不属于多媒体动态图像文件格式的是_____。

　　A．AVI　　　　　　　B．MPG　　　　　　C．AVS　　　　　　D．JPEG

148. _____可以做视频剪辑工具。

　　A．PowerPoint　　　　　　　　　　　B．Frontpage

　　C．Excel　　　　　　　　　　　　　D．Windows Live 影音制作

149. _____不是视频处理软件。

　　A．Photoshop　　　　B．Premiere　　　　C．超级解霸　　　　D．影音风暴

150. 在动画制作中，一般帧速选择为_____就可以比较流畅地播放动画。

　　A．5 帧 /s　　　　　　B．10 帧 /s　　　　C．15 帧 /s　　　　D．100 帧 /s

151. 动画制作主要以_____为支撑。

　　A．计算机数码技术　　B．通信技术　　　　C．摄影技术　　　　D．音轨技术

152. _____不是动画制作软件。

　　A．PowerPoint　　　　B．Adobe Image Ready　　C．Flash　　　　D．3D Studio

153. 制作动画的软件是_____。

　　A．Flash　　　　　　B．Windows Live　　　C．Photoshop　　　D．Cool Edit

154. Flash 不具备_____制作功能。

　　A．逐帧动画　　　　　B．形变动画　　　　C．运动动画　　　　D．三维动画

155. 用 Flash 工具创建的动画属于_____。

　　A．二维矢量动画　　　B．二维帧动画　　　C．三维矢量动画　　D．三维帧动画

156. 完整的计算机系统应包括_____。
    A. 指令系统和软件系统　　　　　　B. 硬件系统和软件系统
    C. 主机和外围设备　　　　　　　　D. 中央处理器和外围设备

157. 计算机硬件系统一般是由_____构成的。
    A. 主机、显示器和键盘　　　　　　B. CPU、键盘、鼠标和显示器
    C. 主机、显示器、打印机和电源
    D. 运算器、控制器、存储器、输入设备和输出设备

158. 微型计算机中，控制器的基本功能是_____。
    A. 存储各种控制信息　　　　　　　B. 传输各种控制信号
    C. 产生各种控制信息　　　　　　　D. 控制系统各部件正确地执行程序

159. _____的基本功能是从内存取指令和执行指令。
    A. 运算器　　　　B. 控制器　　　　C. 内存储器　　　　D. 指令译码器

160. 微型计算机中，运算器的主要功能是进行_____。
    A. 逻辑运算　　　　　　　　　　　B. 算术运算
    C. 算术运算和逻辑运算　　　　　　D. 复杂方程的求解

161. 微型计算机中，运算器和控制器一起组成_____。
    A. 逻辑部件　　　B. 算术运算部件　　C. CPU　　　　D. 算术和逻辑部件

162. 计算机的主机由 CPU 和_____组成。
    A. 外部存储器　　B. 主机板　　　　C. 输入 / 输出设备　D. 内部存储器

163. 计算机的硬盘、U 盘和光盘是_____。
    A. 外部存储器　　B. 内部存储器　　C. CPU 的一部分　D. 数据通信设备

164. 下列不在系统主板上的是_____。
    A. CPU　　　　　B. 内存模块　　　C. 基本 I/O 接口　D. 硬盘

165. 一台计算机的字长是 4 个字节，这意味着它_____。
    A. 能处理的字符串最多由 4 个英文字母组成
    B. 能处理的数值最大为 4 位十进制数 9 999
    C. 在 CPU 中作为一个整体加以传送处理的二进制数码为 32 位
    D. 在 CPU 中运算的结果最大为 2^{32}

166. 在微机的性能指标中，_____可以作为衡量计算机速度的标准。
    A. CPU 的外频　　B. CPU 的字长　　C. CPU 的主频　　D. CPU 的倍频

167. 计算机的存储系统通常包括_____。
    A. ROM 和 RAM　B. 光盘和硬盘　　C. 内存和外存　　D. 内存和硬盘

168. 在微机的性能指标中，通常所说的内存容量是指_____。
    A. ROM 的容量　　　　　　　　　　B. RAM 的容量
    C. RAM 和 ROM 的容量之和　　　　D. CD-ROM 的容量

169. 内存与外存的主要差别是_____。
    A. 内存速度快，存储容量小，外存则相反
    B. 内存速度快，存储容量大，外存则相反

C．内存速度慢，存储容量大，外存则相反

D．内存速度慢，存储容量小，外存则相反

170．在微型计算机中，ROM 是_____。

A．顺序读写存储器 　　　　　　　B．随机读写存储器

C．只读存储器 　　　　　　　　　D．高速缓冲存储器

171．下列四条叙述中，属 RAM 特点的是_____。

A．可随机读写数据，且断电后数据不会丢失

B．可随机读写数据，断电后数据将全部丢失

C．只能顺序读写数据，断电后数据将部分丢失

D．只能顺序读写数据，且断电后数据将全部丢失

172．ROM 的特点是_____。

A．只能读取数据，不能写入数据 　　B．只能写入数据，不能读取数据

C．既能读出数据，又能写入数据 　　D．断电后数据立即消失

173．ROM 与 RAM 的主要区别是_____。

A．断电后 ROM 内保存的信息会丢失，而 RAM 则不会丢失

B．断电后 RAM 内保存的信息会丢失，而 ROM 则不会丢失

C．ROM 是外存储器，RAM 是内存储器

D．ROM 是内存储器，RAM 是外存储器

174．通常情况下，要执行的程序或数据必须放在_____中才能被 CPU 执行。

A．软盘 　　　　　B．ROM 　　　　　C．硬盘 　　　　　D．内存

175．在 PC 中，对 I/O 设备进行管理的基本程序是放在_____。

A．寄存器中 　　　B．硬盘上 　　　　C．RAM 中 　　　　D．ROM 中

176．一般在系统主板上的 BIOS 系统的存储介质是_____。

A．硬盘 　　　　　B．ROM 　　　　　C．SRAM 　　　　　D．Cache

177．下列叙述中错误的一条是_____。

A．内存容量是指微型计算机硬盘所能容纳信息的字节数

B．微处理器的主要性能指标是字长和主频

C．微型计算机应避免强磁场的干扰 　　D．微型计算机机房湿度不宜过大

178．下列叙述中，正确的是_____。

A．CPU 能直接读取硬盘上的数据 　　B．CPU 能直接存取内存中的数据

C．CPU 由存储器、运算器和控制器组成 D．CPU 主要用来存储程序和数据

179．CPU 不能直接访问的存储器是_____。

A．RAM 　　　　　B．ROM 　　　　　C．Cache 　　　　D．外部存储器

180．掉电以后，存储的信息仍然还能保持的是_____。

A．只读存储器 　　B．动态随机存储器 　C．静态随机存储器 　D．高速缓冲存储器

181．下列存储器中，断电后信息将会丢失的是_____。

A．ROM 　　　　　B．RAM 　　　　　C．CD-ROM 　　　　D．磁盘存储器

182．在下列存储器中，访问速度最快的是_____。

A．硬盘　　　　　　B．U 盘　　　　　　C．RAM（内存）　　D．光盘

183．下列存储器的读写速度最快的是_____。

A．硬盘　　　　　　B．ROM　　　　　　C．DRAM　　　　　D．Cache

184．以下叙述中错误的是_____。

A．十六位微机是指 CPU 能同时处理十六位二进制数

B．CPU 由运算器和控制器组成

C．内存是主机的组成部分　　　　　D．CPU 可以直接读取硬盘数据

185．以下叙述中正确的是_____。

A．微型计算机就是体积很小的计算机　　B．显示器既是输入设备又是输出设备

C．硬盘驱动器和硬盘都属于主机

D．计算机的工作就是有序地执行存放在存储器中的一系列指令

186．以下描述中正确的是_____。

A．CPU 不能直接与外存打交道

B．存储器记忆力强，其中的信息不会丢失

C．ROM 是只读存储器，其中的内容只能读一次

D．硬盘属于内部存储器

187．静态随机存储器的英文缩写是_____。

A．SRAM　　　　　B．DROM　　　　　C．DRAM　　　　　D．SROM

188．DRAM 的含义是_____。

A．随机存储器　　　　　　　　　　B．动态随机存储器

C．静态随机存储器　　　　　　　　D．只读存储器

189．使用 Cache 可以提高计算机运行速度，这是因为_____。

A．Cache 增大了内存的容量　　　　B．Cache 扩大了硬盘的容量

C．Cache 缩短了 CPU 的等待时间　　D．Cache 可以存放程序和数据

190．下列有关存储器读写速度的排列，正确的是_____。

A．RAM > Cache > 硬盘 > U 盘　　　B．Cache > RAM > 硬盘 > U 盘

C．Cache > 硬盘 > RAM > U 盘　　　D．RAM > 硬盘 > U 盘 > Cache

191．通常所说的 I/O 设备指的是_____。

A．输入 / 输出设备　B．通信设备　　C．网络设备　　　D．控制设备

192．_____用来接受用户输入的原始数据和程序并转化为计算机能识别的形式存放到内存中。

A．输入设备　　　　B．输出设备　　　C．控制器　　　　D．存储器

193．_____用来将放在计算机内存中的处理结果转化为人们所能接受的形式。

A．输入设备　　　　B．输出设备　　　C．控制器　　　　D．存储器

194．可以将图片输入到计算机内的设备是_____。

A．鼠标　　　　　　B．绘图仪　　　　C．扫描仪　　　　D．打印机

195．下列设备中，属于输出设备的是_____。

A．扫描仪　　　　　B．绘图仪　　　　C．键盘　　　　　D．光笔

196. 下列设备中，属于输入设备的是_____。

　　A. 声音合成器　　　B. 激光打印机　　　C. 光笔　　　　　　　D. 显示器

197. 下面_____中的设备依次为输出设备、存储设备、输入设备。

　　A. CRT、CPU、ROM　　　　　　　　B. 绘图仪、光盘、鼠标

　　C. 绘图仪、键盘、光盘　　　　　　　D. U 盘、打印机、RAM

198. 磁盘经过高级格式化后，其表面形成多个不同半径的同心圆，这些同心圆称为_____。

　　A. 磁道　　　　　　B. 扇区　　　　　　C. 簇　　　　　　　　D. 磁面

199. 硬盘磁道的编号是依次_____由小到大进行编号的。

　　A. 从外向内　　　B. 从内向外　　　C. 从中间向外　　　D. 从两边向中间

200. 机械硬盘工作时，应特别注意避免_____。

　　A. 噪声　　　　　　B. 强烈震动　　　C. 日光照射　　　D. 不洁的环境卫生

201. 用户可以选用的可移动存储设备是_____。

　　A. 闪存盘　　　　　B. 移动硬盘　　　C. MP4　　　　　D. 以上都可以

202. 微型计算机系统中使用的 DCD-ROM 是一种_____。

　　A. 半导体存储器　　　　　　　　　　B. 只读型硬磁盘

　　C. 只读型光盘　　　　　　　　　　　D. 只读型大容量软磁盘

203. 光驱用"倍速"来表示数据的传输速率，8 倍速 DVD 光驱传输速率为_____KB/s。

　　A. 86 400　　　B. 10 800　　　C. 1 200　　　D. 1 350

204. 光盘的光道是_____形的，称为光道。

　　A. 同心圆　　　　　B. 螺旋　　　　　　C. 扇　　　　　　D. 柱

205. 光盘上压制有一连串的凹坑，通过激光的反射来读出其中存储的信息，凹坑边缘转折处表示_____。

　　A. True　　　　　　B. 二进制数 1　　　C. 二进制数 0　　　D. False

206. PC 一般可配备多个驱动器，每个驱动器有一个标识符，C 盘默认是_____。

　　A. 第一个硬盘驱动器　　　　　　　　B. 第一个软盘驱动器

　　C. 自行确定　　　　　　　　　　　　D. 第一个光盘驱动器

207. 下面关于显示器的叙述中，有错误的一条是_____。

　　A. 显示器的分辨率与微处理器的型号有关

　　B. 显示器的分辨率为 1 024×768，表示屏幕水平方向每行有 1 024 个点，垂直方向每列有 768 个点

　　C. 显卡是显示系统的一部分，显卡的存储量与显示质量密切相关

　　D. 像素是显示屏上能独立赋予颜色和亮度的最小单位

208. 显示器显示图像的清晰程度，主要取决于显示器的_____。

　　A. 显示器的类型　　B. 亮度　　　　　C. 尺寸　　　　　D. 分辨率

209. 设显示器上的每个像素用 256 种颜色，需用_____bit 存储一个像素的图像信息。

　　A. 4　　　　　　　B. 8　　　　　　　C. 16　　　　　D. 2

210. 显示器有两个主要的指标，它们分别是_____。

　　A. 屏幕尺寸、是否纯平　　　　　　　B. 功率、分辨率

    C．分辨率、色彩的深度   D．黑白、彩色

211．显示器_____越高，显示的字符和图像就越清晰。

  A．频率   B．色彩的深度   C．功率   D．分辨率

212．通常所说的 24 针打印机是_____。

  A．热敏打印机 B．激光打印机 C．点阵式针式打印机 D．喷墨打印机

213．目前多数打印机是通过_____与计算机相连的。

  A．并行接口   B．USB 接口   C．网络卡   D．扩展插口

214．通常下列设备中输出效果最好的打印机设备是_____。

  A．针式打印机 B．激光打印机 C．喷墨打印机 D．行式打印机

215．下列_____不是 I/O 总线传送的信号。

  A．数据   B．地址   C．控制   D．声音

216．下列叙述中，错误的是_____。

  A．控制总线用来传送控制器的各种控制信号

  B．地址总线只能用来传送存储器单元或输入输出接口的地址信息

  C．地址总线既可传送地址信息，也可以传送控制信息和其他信息

  D．数据总线用来在 CPU 与内存或输入输出接口电路之间传送数据

217．微型计算机使用的数字照相机应接在_____。

  A．串行接口   B．并行接口   C．IDE 接口   D．USB 接口

218．_____就是指示计算机执行某种操作的命令。

  A．程序   B．软件   C．指令   D．硬件

219．计算机每执行一个_____就完成一步基本运算或判断。

  A．语句   B．指令   C．程序   D．软件

220．计算机指令一般由_____两部分构成。

  A．操作码和操作数地址码   B．操作码和操作数

  C．操作数和地址码   D．操作指令和操作数

221．计算机指令中的_____规定计算机进行何种操作。

  A．地址指令   B．操作码地址 C．操作码   D．操作数地址码

222．下列关于计算机指令说法正确的是_____。

  A．计算机所有程序的集合构成了计算机的指令系统

  B．不同指令系统的计算机软件相互不能通用，是因为基本指令的条数不同

  C．加法运算指令是每一种计算机都具有的基本指令

  D．用不同程序设计语言编写的程序，无须转化为计算机的基本指令就可执行

223．能够实现特定功能的一组指令序列的集合称为_____。

  A．指令系统   B．机器语言 C．高级语言   D．程序

224．关于 CISC 技术和 RISC 技术，以下说法正确的是_____。

  A．在计算机指令系统的优化发展过程中，出现过两个截然不同的优化方向：CISC 技术和 RISC 技术

  B．CISC 是指复杂指令系统计算机（Complex Instruction Set Computer）

C. RISC 是指精简指令系统计算机（Reduced Instruction Set Computer）

D. 以上都对

225. 计算机软件是指＿＿＿＿＿＿＿＿。

A. 高级语言程序 　　　　　　　　B. 汇编语言程序

C. 源程序 　　　　　　　　　　　D. 计算机程序及有关资料

226. 下面关于计算机软件的描述正确的是＿＿＿＿＿＿＿＿。

A. 它是系统赖以工作的实体 　　　B. 它是指计算机的程序及文档

C. 位于计算机系统的最外层 　　　D. 分为系统软件和支撑软件两大类

227. 对计算机软件的正确态度是＿＿＿＿＿＿＿＿。

A. 计算机软件不需要维护

B. 计算机软件只要能复制得到就不必购买

C. 受法律保护的计算机软件不能随便复制

D. 计算机软件不必有备份

228. 相关的若干计算机指令的集合通常称为＿＿＿＿＿＿＿＿。

A. 高级语言 　　　B. 机器语言 　　　C. 汇编语言 　　　D. 程序

229. 按功能和用途划分，计算机的软件系统一般分为＿＿＿＿＿＿＿＿。

A. 系统软件和应用软件 　　　　　B. 操作系统和计算机语言

C. 程序和数据 　　　　　　　　　D. UNIX 和 Windows

230. 按照软件的发行方式分类，计算机的软件系统分为＿＿＿＿＿＿＿＿。

A. 系统软件和应用软件 　　　　　B. 操作系统和计算机语言

C. 程序和数据

D. 商品软件、共享软件、免费软件和自由软件

231. 自由软件又称"开放源代码软件"，下面关于自由软件的特点正确的是＿＿＿＿＿＿＿＿。

A. 提供源代码，允许修改完善 　　B. 不提供担保

C. 可以散发，并且散发对象享有的权利不受限制

D. 以上都对

232. 系统软件和应用软件的相互关系是＿＿＿＿＿＿＿＿。

A. 前者以后者为基础 　　　　　　B. 后者以前者为基础

C. 每一类都不以另一类为基础 　　D. 每一类都以另一类为基础

233. 计算机系统软件的主要功能是＿＿＿＿＿＿＿＿。

A. 对生产过程中大量的数据进行运算 　B. 管理和应用计算机系统资源

C. 模拟人脑进行思维、学习 　　　D. 帮助工程师进行工程设计

234. 计算机应用软件是指＿＿＿＿＿＿＿＿。

A. 所有能够使用的软件 　　　　　B. 所有计算机都要用的基本软件

C. 能被各应用单位共同使用的软件

D. 针对各类应用的专门问题而开发的软件

235. 关于应用软件，不正确的说法是＿＿＿＿＿＿＿＿。

A. 应用软件是为满足特定的应用目的而编制的

B．应用软件的运行离不开系统软件　　　C．应用软件不能完全替代系统软件

D．应用软件的价格一定比系统软件低

236．财务软件是一种_____。

A．系统软件　　　B．商业软件　　　C．应用软件　　　D．支撑软件

237．_____不属于系统软件。

A．汇编程序　　　B．诊断程序　　　C．应用程序　　　D．编译程序

238．下列各组软件中，完全属于同一类的是_____。

A．UNIX，WPS，Office 2013，MS-DOS　B．AutoCAD，Photoshop，Flash

C．Oracle，FORTRAN 编译系统，Linux　D．物流管理程序，Sybase，Windows 10

239．下列适合编写系统程序的程序语言是_____。

A．Java　　　B．C　　　C．COBOL　　　D．FORTRAN

240．从软件分类来看，Windows 属于_____。

A．应用软件　　　B．系统软件　　　C．支撑软件　　　D．数据处理软件

241．程序设计语言按发展历程及应用级别可分为_____。

A．简单语言、复杂语言、实用语言

B．机器语言、汇编语言、高级语言、面向问题非过程化语言

C．Java 语言、Python 语言、C 语言

D．面向机器的语言、面向过程的语言、面向对象的语言

242．C/C++ 属于_____。

A．机器语言　　　B．汇编语言　　　C．高级语言　　　D．低级语言

243．下列各组全都属于高级语言的是_____。

A．C、C++、机器语言　　　B．Java、Python、PHP

C．Visual Basic、Swift、汇编语言　　　D．Java、Photoshop、PHP

244．机器语言是由_____组成的。

A．命令　　　B．二进制代码　　　C．机器代码　　　D．以上都不是

245．机器语言程序在机器内是以编码形式表示的_____。

A．BCD 码　　　B．二进制编码　　　C．ASCII 码　　　D．汉字编码

246．汇编语言是由_____组成的。

A．符号　　　B．二进制代码　　　C．机器代码　　　D．以上都不是

247．按照程序语言的发展顺序，比机器语言要高一级的是_____。

A．高级语言　　　B．汇编语言　　　C．形式语言　　　D．计算语言

248．下列语言中，编程后程序可以直接执行的是_____。

A．汇编语言　　　B．自然语言　　　C．机器语言　　　D．高级语言

249．下列关于机器语言的叙述，不正确的是_____。

A．机器语言是低级语言　　　B．机器语言程序是二进制代码

C．机器语言程序需要编译后才能执行　　　D．用机器语言程序编程比较困难

250．语言处理程序的主要作用是_____。

A．将用户命令转换为机器能执行的指令

  B．对自然语言进行处理以便为机器所理解

  C．根据设计要求，自动生成源程序以减轻编程的负担

  D．把高级语言或汇编语言所写的源程序转换为机器语言程序

251．由汇编语言或高级语言编写的程序称为_____。

  A．高级语言程序 B．汇编语言程序 C．机器语言程序 D．源程序

252．高级语言程序如要在计算机运行，必须转化为_____。

  A．自然语言程序 B．汇编语言程序 C．机器语言程序 D．源程序

253．用汇编语言编写的程序需经过_____翻译成为机器语言后，才能在计算机中执行。

  A．编译程序   B．解释程序   C．操作系统   D．汇编程序

254．可以逐行读取、翻译并执行源程序的是_____。

  A．编译程序   B．汇编程序   C．解释程序   D．组译程序

255．用高级语言编写的程序有两种执行方式：一种是经过编译程序编译成机器代码后运行，另一种执行方式是_____。

  A．直接执行   B．间接执行   C．解释执行   D．翻译执行

第 2 章　初　识　网　络

1．计算机网络最突出的优点是_____。

  A．共享软、硬件资源   B．运算速度快

  C．可以互相通信   D．内存容量大

2．一般来说，计算机网络可以提供的功能有_____。

  A．资源共享、综合信息服务   B．信息传输与集中处理

  C．均衡负荷与分布处理   D．以上都是

3．计算机网络是计算机技术和_____相结合的产物。

  A．系统集成技术 B．网络技术 C．微电子技术 D．通信技术

4．最早出现的计算机网络是_____。

  A．Internet   B．NOVELL   C．DECNET   D．ARPANET

5．以下关于计算机网络叙述正确的是_____。

  A．受地理约束   B．不能实现资源共享

  C．不能远程信息访问

  D．不受地理约束、实现资源共享、远程信息访问

6．根据网络的覆盖范围，计算机网络可分成_____。

  A．校园网和 Intranet 网   B．专用网和公用网

  C．局域网、广域网和城域网   D．国内网和国际网

7．局域网的英文简写为_____。

  A．LAN   B．WAN   C．MAN   D．WLAN

8．广域网是由_____组成的

  A．两个局域网互连   B．两个城域网互连

  C．多个局域网、城域网通过通信子网（公共网络）互连

    D. 一个局域网和一个城域网互连

9. 采用单工通信方式，数据传输的方向性结构为_____。

    A. 可以在两个方向上同时传输   B. 只能在一个方向上传输

    C. 可以在两个方向上传输，但不能同时进行

    D. 以上均不对

10. 采用全双工通信方式，数据传输的方向性结构为_____。

    A. 可以在两个方向上同时传输   B. 只能在一个方向上传输

    C. 可以在两个方向上传输，但不能同时进行

    D. 以上均不对

11. 下列各指标中，_____是数据通信系统的主要技术指标之一。

    A. 重码率   B. 传输速率   C. 分辨率   D. 时钟主频

12. 数据通信中的传输速率单位用 bit/s 表示。bit/s 的含义是_____。

    A. bytes per Second   B. baud per Second

    C. bits per Second   D. billon per Second

13. 通过传输速率为 2 Mbit/s 的宽带上网，每秒最多可以传输的字节数为_____B。

    A. 1 024   B. 2 048   C. 256 K   D. 2 048 K

14. 广域网中一般采取的传输方式是_____。

    A. 存储转发   B. 广播   C. 集中传输   D. 分布传输

15. 下列不属于网络拓扑结构形式的是_____。

    A. 星状   B. 环状   C. 总线   D. 分支

16. 所有主机结点通过相应硬件接口连在一根中心传输线上的拓扑结构是_____拓扑结构。

    A. 网状   B. 星状   C. 环状   D. 总线

17. 局域网常用的网络拓扑结构是_____。

    A. 星状和环状   B. 总线、星状和树状

    C. 总线和树状   D. 以上答案都对

18. 计算机网络的体系结构是指网络的层次及其_____的集合。

    A. 设备   B. 软件   C. 协议   D. 规则

19. 下列关于网络协议说法正确的是_____。

    A. 网络使用者之间的口头协定

    B. 网络协议是通信双方共同遵守的规则或约定

    C. 所有网络都采用相同的通信协议

    D. 两台计算机如果不使用同一种语言，则它们之间就不能通信

20. OSI 参考模型将整个网络的功能划分为七层，其中最底层为_____。

    A. 应用层   B. 网络层   C. 传输层   D. 物理层

21. OSI 参考模型中能为源主机与目的主机的进程之间提供可靠的、透明的数据传输功能的是_____。

    A. 应用层   B. 网络层   C. 传输层   D. 物理层

22. OSI 参考模型中用于维护通信双方应用之间的通信机制功能的是_____。

A．应用层　　　　　B．会话层　　　　　C．网络层　　　　　D．物理层

23．OSI 参考模型中用于实际地址解析、网络拥塞控制等功能的是_____。

A．应用层　　　　　B．会话层　　　　　C．网络层　　　　　D．物理层

24．TCP/IP 协议的功能层分为_____。

A．3　　　　　　　B．4　　　　　　　C．5　　　　　　　D．6

25．TCP 协议主要作用分别是_____。

A．负责数据的压缩　　　　　　　　　B．负责数据的分解

C．负责数据的分析　　　　　　　　　D．负责数据的可靠传输

26．IP 协议对每个信息包都赋予一个地址，在 Internet 上的计算机_____发送。

A．选择固定的路径　　　　　　　　　B．根据线路闲忙，选择不同的路径

C．随机选择一个线路　　　　　　　　D．选择一个不忙的路径

27．网卡上的 RJ-45 接口是连接_____的。

A．光纤　　　　　　　　　　　　　　B．粗同轴电缆

C．双绞线　　　　　　　　　　　　　D．细同轴电缆

28．支持局域网与广域网互联的设备称为_____。

A．转发器　　　　　B．以太网交换机　　C．路由器　　　　　D．网桥

29．Router 是指网络设备中的_____。

A．路由器　　　　　B．中继器　　　　　C．交换机　　　　　D．网关

30．计算机网络拓扑结构中所谓的"结点"不能是_____。

A．光盘　　　　　　B．计算机　　　　　C．交换机　　　　　D．路由器

31．目前计算机局域网络常用的有线数据传输介质有光缆、同轴电缆和_____。

A．双绞线　　　　　B．微波　　　　　　C．激光　　　　　　D．红外线

32．非屏蔽双绞线由_____对相互扭绞的线对组成。

A．1　　　　　　　B．2　　　　　　　C．3　　　　　　　D．4

33．光纤作为传输媒体，与双绞线相比具有一系列优点，不属于光纤优点的是_____。

A．速率高　　　　　B．体积小　　　　　C．频带宽　　　　　D．误码率低

34．在网络通信的有线信道传输介质中，具有传输距离长、传输速率高、电子设备无法监
听的是_____。

A．光纤　　　　　　B．同轴电缆　　　　C．双绞线　　　　　D．电话电缆

35．在无线广域网中使用较多的通信方式为_____。

A．电磁波　　　　　B．红外线　　　　　C．微波　　　　　　D．紫外线

36．局域网网络硬件主要包括服务器、客户机、网卡和_____。

A．网络拓扑结构　　B．计算机　　　　　C．传输介质　　　　D．网络协议

37．在局域网中能够提供文件、打印、数据库等共享功能的是_____。

A．网卡　　　　　　B．服务器　　　　　C．用户 PC　　　　　D．传输介质

38．网络操作系统主要分为_____两类。

A．协议软件和通信软件　　　　　　　B．服务器操作系统和工作站操作系统

C．对等式操作系统和主从式操作系统　D．微机操作系统和大型机操作系统

39. 目前在服务器端常用的网络操作系统是_____。

    A．Windows Server B．UNIX   C．Linux   D．以上都是

40. 两个同学正在网上聊天，他们最可能使用的软件是_____。

    A．Internet Explorer B．NETANTS   C．Word   D．QQ

41. 下面关于局域网特点的叙述中，不正确的是：局域网_____。

    A．使用专用的通信线路，数据传输速率高

    B．能提高系统的可靠性、可用性   C．响应速度慢

    D．通信时间延迟较低，可靠性好

42. 基于文件服务的局域网操作系统软件一般分为两个部分，即工作站软件与_____。

    A．浏览器软件   B．网络管理软件   C．服务器软件   D．客户机软件

43. 下面有几个关于局域网的说法，其中不正确的是_____。

    A．局域网是一种通信网

    B．连入局域网的数据通信设备只包括计算机

    C．局域网覆盖有限的地理范围   D．局域网具有高数据传输率

44. 无线局域网的国际标准主要是_____系列。

    A．IEEE 802.1   B．IEEE 802.3   C．IEEE 802.4   D．IEEE 802.11

45. MAC 地址是_____。

    A．IP 地址   B．计算机名   C．邮件地址   D．网卡地址

46. MAC 地址通常存储在计算机的_____中。

    A．内存   B．高速缓冲区   C．网卡   D．硬盘

47. 查看到的 MAC 地址显示为_____字节的十六进制数表示。

    A．3   B．4   C．5   D．6

48. 传统的 Internet 所采用的 IPv4 协议的 IP 地址有_____个二进制位。

    A．8   B．16   C．32   D．64

49. IPv6 地址是由一组_____位的二进制数字构成。

    A．16   B．32   C．64   D．128

50. IP 地址能唯一地确定 Internet 上每台计算机与每个用户的_____。

    A．距离   B．位置   C．费用   D．时间

51. 下列说法中不正确的是_____。

    A．一台具有 IP 地址的主机不论属于哪类网络均与其他主机处于平等地位

    B．一个主机可以有一个或多个 IP 地址

    C．一个主机可以有一个或多个域名   D．两个或多个主机能共用一个 IP 地址

52. 能唯一标识 Internet 网络中每一台主机的是_____。

    A．用户名   B．IP 地址

    C．用户密码   D．使用权限

53. IPv4 协议中 IP 地址可以用 4 组十进制数表示，每组数字取值范围为_____。

    A．0~128   B．1~256   C．0~255   D．1~1 024

54. 下列四个 IP 地址中，_____是错误的。

A. 60.263.12.8　　　B. 204.12.0.10　　　C. 16.126.23.4　　　D. 11.5.0.39

55. IP 地址 178.18.10.133 为_____地址。

　　A. A 类　　　　　　B. B 类　　　　　　C. C 类　　　　　　D. D 类

56. IP 地址 129.66.51.37 的_____表示网络号。

　　A. 129.66　　　　　B. 129　　　　　　C. 129.66.51　　　　D. 37

57. IP 地址 205.140.36.88 的_____表示主机号。

　　A. 205　　　　　　B. 205.140　　　　C. 88　　　　　　　D. 36.88

58. IP 地址 101.251.1.7 的默认子网掩码是_____。

　　A. 255.0.0.0　　　　B. 255.255.0.0　　　C. 255.255.255.0　　D. 101.251.0.0

59. B 类 IP 地址中用_____位来标识网络中的一台主机。

　　A. 8　　　　　　　B. 14　　　　　　　C. 16　　　　　　　D. 24

60. 子网掩码为 255.255.255.0 的主机所在网络，最多可以有_____台主机。

　　A. 128　　　　　　B. 126　　　　　　C. 254　　　　　　　D. 256

61. 主机 IP 为 172.18.57.131 且子网掩码为 255.255.254.0，主机所在网络的网络号为_____。

　　A. 172.18.56　　　B. 172.18.57　　　C. 172.18.58　　　　D. 172.18

62. 主机 IP 为 172.18.8.11 且子网掩码为 255.255.255.128，该主机与 IP 地址为_____的主机网络号不同。

　　A. 172.18.8.11　　B. 172.18.8.61　　C. 172.18.8.101　　　D. 172.18.8.131

63. 域名 www.ccie.edu.cn 表明它对应的主机很有可能是在_____。

　　A. 中国的教育界　　B. 中国的工商界　　C. 工商界　　　　　D. 网络机构

64. 下边_____是正确的域名。

　　A. www.cctv.com　　　　　　　　　　B. hk@gx.school.com

　　C. gxwww@china.com　　　　　　　　D. gx/sc.china.com

65. 域名服务器缩写为_____。

　　A. IE　　　　　　　B. TCP　　　　　　C. FTP　　　　　　D. DNS

66. 某台主机的域名为 public.cs.nn.cn，其 IP 地址为 202.3.9.68，以下说法正确的是_____。

　　A. 四段域名与各段 IP 地址一一对应，即 public 对应为 202

　　B. 各段域名与 IP 地址反过来对应，即 cn 对应为 202

　　C. 该域名与 IP 地址表示同一台主机，但不表示与这四段地址一一对应

　　D. 前面的说法均不对

67. Internet 中，主机域名和主机 IP 地址两者之间的关系是_____。

　　A. 完全相同，毫无区别　　　　　　　B. 没有对应关系

　　C. 一个 IP 地址不可以对应多个域名　　D. 一个域名对应多个 IP 地址

68. 域名服务 DNS 的主要功能是_____。

　　A. 将易记的域名与不易记的 IP 地址转换　B. 查询主机的 MAC 地址

　　C. 为主机自动命名　　　　　　　　　　　D. 合理分配 IP 地址

69. 下列扩展名中，表示网页文件的是_____。

　　A. mp3　　　　　　B. html　　　　　　C. txt　　　　　　　D. jpg

70. WWW 网页是用_____语言表示的。
    A．C   B．Java   C．WWW   D．html

71. 下列对 Internet 的叙述正确的是_____。
    A．Internet 就是 WWW   B．Internet 就是信息高速公路
    C．Internet 是众多自治子网和终端用户机的互联
    D．Internet 就是局域网互联

72. 国务院成立"中国互联网络信息中心"负责我国的域名管理，中国互联网络信息中心的英文缩写是_____。
    A．chinanic   B．Internic   C．cernis   D．CNNIC

73. 下列有关 Internet 的叙述中，错误的是_____。
    A．万维网就是因特网   B．因特网上提供了多种信息
    C．因特网是计算机网络的网络   D．因特网是国际计算机互联网

74. 中国教育科研计算机网简称为_____。
    A．NCFC   B．CERNET   C．ISDN   D．Internet

75. 中国公用计算机互联网又称作_____。
    A．CERNET   B．CSTNET   C．CHINANET   D．CHINAGBN

76. 向网民提供信息服务的网站以及向用户提供接入服务的网络运营商，分别称它们为_____。
    A．ICP、IP   B．ICP、ISP   C．ISP、IP   D．UDP、TCP

77. WWW 的众多资源是采用_____进行组织的。
    A．菜单   B．命令   C．超链接   D．地址

78. Internet Explorer 是一种_____。
    A．操作系统   B．网络协议   C．网页浏览器   D．电子邮件客户端

79. 浏览器的历史记录中记录的是_____。
    A．网页的内容   B．网页的标题
    C．网页的 IP 地址   D．最近访问的网页地址

80. 浏览器 Internet Explorer 的 Internet 选项，主页指的是_____。
    A．网站的首页   B．主要的页面
    C．浏览器打开时自动访问的页面   D．网站的重要页面

81. FTP 的主要功能是_____。
    A．传送文件   B．远程登录   C．收发电子邮件   D．浏览网页

82. 下面_____是某个 FTP 服务器的地址。
    A．http://192.163.113.23   B．ftp://192.168.113.23
    C．www.sina.com.cn   D．c:\windows

83. 利用 FTP 的最大优点是可以实现_____。
    A．同一操作系统之间的文件传输
    B．异种机间上同一操作系统间的文件传输
    C．异种机之间和异种操作系统之间的文件传输

D. 同一机型上不同操作系统之间的文件传输

84. FTP 服务器一般使用的端口号是_____。

    A. 21　　　　　　B. 23　　　　　　C. 80　　　　　　D. 53

85. Internet 为人们提供许多服务项目，最常用的是在Internet 各站点之间漫游，浏览文本、图形和声音等各种信息，这项服务称为_____。

    A. 电子邮件　　　B. WWW　　　　C. 文件传输　　　D. 网络新闻组

86. 浏览 Internet 上的网页，需知道_____。

    A. 网页的设计原则　　　　　　　　B. 网页制作的过程

    C. 网页的地址　　　　　　　　　　D. 网页的作者

87. 以下关于进入 Web 站点的说法，正确的是_____。

    A. 只能输入域名　　　　　　　　　B. 只能输入 IP 地址

    C. 需同时输入 IP 地址和域名　　　D. 可以通过输入 IP 地址或者域名

88. 网站的各个网页中希望首先被访问的网页称为是网站的_____。

    A. 地址　　　　　B. 标题　　　　　C. 域名　　　　　D. 主页

89. Internet 中 URL 的含义是_____。

    A. 信息资源在网上什么位置和如何访问的统一的描述方法

    B. 信息资源在网上什么位置及如何定位寻找的统一的描述方法

    C. 信息资源在网上的业务类型和如何访问的统一的描述方法

    D. 信息资源的网络地址的统一描述方法，即统一资源定位器

90. 下列 URL 的表示方法中，正确的是_____。

    A. http://www.Microsoft.com/index.html

    B. http:\\www.Microsoft.com/index.html

    C. http://www.Microsoft.com\index.html

    D. http//www.Microsoft.com/index.html

91. 统一资源定位器 URL 的格式是_____。

    A. 协议 ://IP 地址或域名 / 路径 / 文件名　　B. TCP/IP 协议

    C. http 协议　　　　　　　　　　　　　　D. 协议 :// 路径 / 文件名

92. 互联网络上的服务都是基于一种协议，WWW 服务基于_____协议。

    A. SMTP　　　　　B. SNMP　　　　C. HTTP　　　　D. TELNET

93. http://www.163.com 中的 http 是指_____。

    A. 服务器名　　　B. 域名　　　　C. 超文本传输协议　D. 文件传输协议

94. HTML 是指_____。

    A. 超文本标记语言　　　　　　　　B. 超文本文件

    C. 超媒体文件　　　　　　　　　　D. 超文本传输协议

95. 如对网页上的一幅图片感兴趣，想保存到硬盘，最好进行_____操作。

    A. 选中这幅图片，然后右击，选择"目标另存为"命令

    B. 右击这幅图片，选择"图片另存为"命令

    C. 选择"文件"菜单中的"保存"命令，保存为"网页，全部"格式

    D．选择"文件"菜单中的"保存"命令，保存为"Web 档案，单个文件"格式

96．在浏览网页中，下列可能泄漏隐私的是_____。

    A．HTML 文件   B．文本文件   C．Cookie   D．应用程序

97．在 Internet 上基于邮件转发服务的 TCP/IP 应用协议是_____。

    A．HTTP   B．POP3   C．ICMP   D．SMTP

98．在 Internet 上收发 E-mail 的协议不包括_____。

    A．SMTP   B．POP3   C．ARP   D．IMAP

99．想通过 E-mail 发送某个小文件时，必须_____。

    A．在主题上含有小文件

    B．把这个小文件复制一下，粘贴在邮件内容里

    C．无法办到

    D．使用附件功能，通过添加上传附件完成

100．下列说法错误的是_____。

    A．电子邮件是 Internet 提供的一项最基本的服务

    B．电子邮件具有快速、高效、方便、价廉等特点

    C．通过电子邮件，可向世界上任何一个角落的网上用户发送信息

    D．可发送信息的只能为文字和图像

101．电子邮件地址的一般格式为_____。

    A．用户名 @ 域名   B．域名 @ 用户名

    C．IP 地址 @ 域名

    D．域名 @IP 地址名 <mailto: 域名 @IP 地址名 >

102．POP3 服务器用来_____邮件。

    A．接收   B．发送   C．接收和发送   D．以上均错

103．新建邮件的"抄送"文本框输入的多个收件人电子信箱的地址之间，可用_____作分隔。

    A．分号";"   B．单引号" ` "   C．冒号":"   D．空格

104．申请电子邮箱过程中，填写个人信息时，填写密码提示问题的好处是_____。

    A．防止密码被窃

    B．当遗忘密码时可以到该网站用密码提示问题功能找回密码

    C．促进网络安全   D．体现自己的个性

105．电子邮件从本质上来说就是_____。

    A．浏览   B．电报   C．传真   D．文件交换

106．网卡的安装不包_____。

    A．硬件安装和连接   B．安装网卡驱动程序

    C．安装网络协议等网络组件及配置网卡参数

    D．设置使用人员

107．无线路由器的基本设置不包括_____。

    A．SSID 名称   B．认证安全模式   C．无线网络密码   D．地址过滤

108. 为加强无线局域网的安全性，可对无线路由器的进行安全设置，不必要的是＿＿＿＿＿＿＿。

    A．设置强安全模式及强密钥　　　　　B．隐藏 SSID

    C．客户端 MAC 地址过滤　　　　　　D．修改子网掩码

109. 在无线路由器支持的以下协议中，数据传输速度最快的是＿＿＿＿＿＿＿。

    A．802.11a　　　　B．802.11ac　　　　C．802.11g　　　　D．802.11n

110. Windows 系统默认的管理员账户是＿＿＿＿＿＿＿。

    A．root　　　　　B．guest　　　　　C．administrator　　D．admin

111. 如果某个员工出差外地，暂时无须登录网络，因此网络管理员应该＿＿＿＿＿＿＿。

    A．删除该用户账户

    B．在用户管理中对该用户账户设置"账户已停用"

    C．保留该用户账户，不用特别设置

    D．保留该用户账户，修改该用户账户的权限为来宾

112. 在 Windows 系统中，可对共享文件夹设置的共享权限不包括＿＿＿＿＿＿＿。

    A．完全控制　　　B．授权　　　　　C．更改　　　　　D．读取

113. 在 Windows 系统中，可对共享文件夹仅具有加入子文件夹和文件、更改文件夹名称及其属性、删除文件夹及显示所有者和权限分配情况的共享权限是＿＿＿＿＿＿＿。

    A．完全控制　　　B．授权　　　　　C．更改　　　　　D．读取

114. 在 Windows 系统中，以下关于共享文件夹的权限叙述，正确的是＿＿＿＿＿＿＿。

    A．要具有读取文件的内容，查看文件夹相关信息权限，可设置为读取和拒绝更改权限

    B．要具有修改权限和取得文件夹的所有权，可设置为更改权限

    C．拒绝权限将废止为用户账户或用户组授予的完全控制权限

    D．完全控制是指拥有所有对该共享文件夹的权限

115. 在 Windows 系统中，如果确保某些特定用户不能访问某个共享文件夹，则可设置的权限是＿＿＿＿＿＿＿。

    A．拒绝　　　　　B．授权　　　　　C．更改　　　　　D．读取

116. 在 Windows 系统中，如果要访问局域网中某计算机的共享文件夹，以下不适宜的访问方式是＿＿＿＿＿＿＿。

    A．\\IP 地址　　　　　　　　　　　　B．//IP 地址 / 共享名

    C．\\计算机名　　　　　　　　　　　D．\\计算机名 \ 共享名

117. Windows 提供了"计算机管理"工具，可以对共享文件夹进行管理，功能有＿＿＿＿＿＿＿。

    A．查看所有共享文件夹的路径和名字

    B．查看所有连接到本机共享文件夹的用户情况

    C．查看哪些文件已经被打开　　　　　D．所有以上功能

118. 要共享打印机，连接到计算机的这台打印机＿＿＿＿＿＿＿。

    A．必须是专用网络打印机，客户机需要安装驱动程序

    B．可以是任何打印机，客户机需要安装驱动程序

    C．必须是专用网络打印机，客户机不需要安装驱动程序

    D．可以是任何打印机，客户机不需要安装驱动程序

119. 下列有关网络打印机的说法中，错误的是_____。
 A. 需要在物理连接打印机的计算机上将该打印机设置为共享
 B. 在需要打印的计算机上安装已共享的网络打印机
 C. 在 Windows 系统中通过"添加打印机向导"安装网络打印机
 D. 在实际物理连接打印机的计算机上不需要安装打印机驱动程序

120. 在Windows 系统中，通过组策略对本地计算机可以进行设置的内容包括本地计算机配置和_____两个方面。
 A. 本地用户配置　　B. 计算机硬件　　　C. 计算机软件　　　D. 用户行为

121. 以下关于 Windows 系统的组策略的叙述，错误的是_____。
 A. 组策略是 Windows 系统中实现安全管理技术的关键组件
 B. 通过使用组策略可以设置各种软件、计算机和用户策略
 C. 组策略将创建名为 HKEY 的策略文件
 D. 组策略通过管理模板管理策略，并写入 Windows 注册表中

122. 执行 Windows 组策略的命令是_____。
 A. MMC　　　　　B. gpedit.msc　　C. tracert　　　D. regedit

123. Windows 组策略无法完成下列设置的是_____。
 A. 操作系统安装　　　　　　　　B. 应用程序安装
 C. 控制面板　　　　　　　　　　D. 计算机桌面环境的设置

124. Windows 系统中的组策略中，计算机配置通常包含_____和管理模板等子结点。
 A. 用户配置、软件设置　　　　　B. Windows 设置、软件设置
 C. 用户配置、Windows 设置　　　D. 软件设置、硬件设置

125. Windows 系统中的"远程桌面连接"使用的是基于 TCP/IP 的应用协议_____。
 A. POP　　　　　B. RDP　　　　C. FTP　　　　D. SMTP

126. Windows 系统中使用"远程桌面连接"连接远程计算机时，远程计算机防火墙要允许端口_____的数据通信。
 A. 80　　　　　B. 39　　　　C. 21　　　　D. 3389

127. 可用于显示当前计算机的 TCP/IP 协议的设置信息的网络命令是_____。
 A. Arp　　　　　B. Tracert　　　C. Ipconfig　　　D. Ping

128. Ping 命令显示发送回送请求到返回回送应答之间的时间量的单位为_____。
 A. 毫秒　　　　　B. 秒　　　　C. 分　　　　D. 小时

129. 使用 Ping 命令反馈信息是"Time out"，引起的原因不可能是_____。
 A. 本地计算机名称与目标主机名称冲突
 B. 某个路由器的连接问题　　　C. 某个路由器不给通过
 D. 目标主机不响应 Ping 命令

130. 用于启动指定的服务的命令是_____。
 A. net share　　B. net user　　C. net view　　D. net start

131. 信息安全面临的威胁有_____。
 A. 信息系统的脆弱性　　　　　　B. 网络黑客

C．计算机病毒　　　　　　　　　　D．以上都是

132．计算机信息系统的脆弱性主要表现在硬件、软件和_____三个方面。

　　A．网络　　　　B．数据　　　　C．防火墙　　　　D．密码

133．网络黑客是指_____的人。

　　A．利用系统安全漏洞对网络进行攻击破坏或窃取资料

　　B．总在晚上上网　　C．匿名上网　　D．不花钱上网

134．下列不属于黑客通常采用的典型攻击方法的是_____。

　　A．IP 嗅探　　　　B．端口扫描　　　C．垃圾邮件　　　D．密码破解

135．具有下列特征的软件可以被认为是恶意软件_____。

　　A．强制安装　　　B．难以卸载　　　C．浏览器劫持　　D．以上都对

136．目前使用的防病毒软件的作用是_____。

　　A．查出所有已感染的病毒　　　　　B．查出并清除所有病毒

　　C．清除已感染的所有病毒　　　　　D．查出已知的病毒，清除部分病毒

137．计算机病毒的主要特征不包括_____。

　　A．传染性　　　　B．破坏性　　　　C．免疫性　　　　D．隐蔽性

138．木马病毒是指潜藏在用户计算机中带有恶意性质的_____，在用户不察觉的情况下窃取用户计算机上的重要信息。

　　A．远程控制软件　　B．计算机操作系统　　C．计算机芯片　　D．文字处理软件

139．_____一般指利用计算机系统漏洞、通过互联网传播扩散的一类病毒程序。

　　A．网页病毒　　　B．系统病毒　　　C．蠕虫病毒　　　D．木马病毒

140．计算机病毒可以通过多种途径传染，其中传播速度最快的传染途径是通过_____。

　　A．U 盘　　　　　B．硬盘　　　　　C．光盘　　　　　D．网络

141．下列不属于预防计算机病毒的有效方法的是_____。

　　A．不随便使用外来 U 盘、光盘等存储介质

　　B．切断一切与外界交换信息的渠道　　C．不使用来历不明、未经检测的软件

　　D．防病毒软件必须随着新病毒的出现而升级

142．计算机感染病毒后，最彻底的清除方法是_____。

　　A．用查毒软件处理　　　　　　　　B．删除磁盘文件

　　C．格式化磁盘　　　　　　　　　　D．用杀毒软件处理

143．下列不是常用杀毒软件品牌的是_____。

　　A．360　　　　　B．卡巴斯基　　　C．诺顿　　　　　D．WPS

144．防火墙是指_____。

　　A．一个特定软件　　　　　　　　　B．一个特定硬件

　　C．一种位于内部网络与外部网络之间的网络安全系统

　　D．一套集中管理各网络安全产品的机制和设备

145．为了确保内联网的安全，通常采用与企业或机关外部的因特网用户“隔离”的技术，这种技术称为_____。

　　A．数据加密　　　B．访问控制　　　C．防火墙　　　　D．入侵检测

146. 电子签证机构（CA）解决了信息系统中的_____问题。

    A. 身份验证　　　　　B. 权限管理　　　　　C. 安全审计　　　　　D. 加密

147. 用于实现身份鉴别的安全机制是_____。

    A. 加密机制和数字签名机制　　　　　　　　B. 加密机制和访问控制机制

    C. 数字签名机制和路由控制机制　　　　　　D. 访问控制机制和路由控制机制

148. 下列不属于入侵检测系统提供的基本服务功能的是_____。

    A. 监控、分析用户和系统的行为　　　　　　B. 对数据文件进行加密

    C. 对异常行为的统计分析，识别攻击类型

    D. 检查系统的配置和漏洞

149. 计算机信息安全产品不包括_____。

    A. 安全路由器　　　　　　　　　　　　　　B. 电子签证机构——CA 和 PKI 产品

    C. 防火墙　　　　　　　　　　　　　　　　D. 计算机病毒防治管理办法

150. _____是保证数据安全行之有效的方法，它可以消除信息被非法监听、被篡改及被伪造等影响数据安全的隐患。

    A. 数据加密　　　　　B. 杀毒软件　　　　　C. 数据签名　　　　　D. 备份数据

151. 下面不属于对称加密算法的是_____。

    A. DES　　　　　　　B. IDEA　　　　　　C. AES　　　　　　　D. RSA

152. RSA 属于_____。

    A. 分组密码算法　　　B. 非对称加密算法　　C. 序列密码算法　　　D. 对称加密算法

153. 根据加密和解密使用的密钥是否相同，可以将加密技术分为_____两种。

    A. 对称加密技术和非对称加密技术　　　　　B. 公开密钥技术和分组密码技术

    C. 序列密码技术和分组密码技术　　　　　　D. 私有密钥技术和序列密码技术

154. Android 手机底层是基于什么操作系统_____。

    A. Java　　　　　　　B. Windows　　　　　C. Linux　　　　　　D. Mac OS

155. 5G 组网模式有_____。

    A. FDD-LTE　　　　　　　　　　　　　　　B. 非独立组网（NSA）和独立组网（SA）

    C. TD-LTE　　　　　　　　　　　　　　　　D. CDMA

156. 以下不是微信小程序的特点的是_____。

    A. 所见即所得　　　　B. 无需下载及安装　　C. 用完即走　　　　　D. 触手可及

157. 以下说法哪个正确_____。

    A. 微信小程序能够完全取代 App　　　　　　B. 下载 App 都是免费的

    C. 未经用户允许，App 不可能收集用户信息

    D. 手机 App 就是手机上的各种应用软件

158. 在 CNKI 中，作者单位等检索点下有"精确"这种匹配方式，一般用_____实现搜索引擎中的精确匹配。

    A. 竖线　　　　　　　B. 减号　　　　　　　C. 空格　　　　　　　D. 双引号

159. 在 12306 App 中查询火车票信息时，一般需要输入出发地、目的地、出发日等条件，我们输入这三个条件也可以认为是检索点，他们之间没有明确的连接关系，但实际上

这三个条件的关系是_____。

A．不包括　　　　　B．非　　　　　　C．并且　　　　　D．或者

160．在搜索引擎的搜索框中输入"朱日和阅兵 1080"，检索意图很可能是_____。

A．搜索朱日和阅兵的新闻　　　　　B．搜索朱日和阅兵的视频

C．搜索朱日和阅兵的mp3　　　　　D．搜索朱日和阅兵的图

161．以下哪个说法不正确_____。

A．filetype是一个搜索引擎的指令，可以找出当前收录在搜索引擎中的文件。百度仅支持搜索ppt、xls、doc、rtf、pdf、txt。

B．构建检索式时要注意考虑到一个词的多个写法，用OR连接起来以保证检全率。

C．在一些检索系统中往往有多个检索条件，这些检索条件之间并没有明确的逻辑关系。实际上，如果没有说明多个条件的逻辑关系，一般多个条件之间是或者关系。

D．二次搜索（二次检索）是指在第一次搜索结果的基础上增加条件进行再一次搜索。

162．如果检索有关多媒体网络传播方面的文献，检索式为_____。

A．多媒体 AND 网络传播　　　　　B．多媒体 + 网络传播

C．多媒体 OR 网络传播　　　　　　D．多媒体 – 网络传播

163．在百度搜索引擎中，要实现字段的精确检索，可以用_____来限定。

A．（ ）（括号）　　　　　　　　　B．" "（双引号）

C．+（加号）　　　　　　　　　　　D．–（减号）

164．在搜索中如果不加双引号，那么默认的运算规则是_____。

A．OR　　　　　　　B．NOT　　　　　　C．AND　　　　　　D．随机

165．以下哪个说法不正确_____。

A．安装App后没有用的安装包apk必须手动删除，否则会占用手机存储空间

B．手机须定期清理缓存，否则占用存储空间且容易造成卡顿

C．当前用不到的App如果在运行，应及时关闭，释放手机当时的运行内存

D．安装可靠的手机安全防护软件，定期升级，以提升信息安全性

第 3 章　Python 程序设计入门

一、单选题

1．下列关于 Python 的说法不正确的是_____。

A．Python 是一种跨平台、开源、免费的高级编程语言

B．Python 语言具有易编写、易阅读、易理解的典型特点

C．Python 3.x 完全兼容 Python 2.x

D．可以在同一台计算机上安装多个 Python 版本

2．下列关于 Python 程序文件的操作不正确的是_____。

A．选择 IDLE 菜单中的 File → New File 命令新建一个程序窗口

B．在 IDLE 窗口按下【Ctrl+P】组合键新建一个程序窗口

C．保存程序文件可在程序窗口菜单中选择 File → Save 命令

    D．打开一个已存在的程序文件可在程序窗口菜单中选择 File → Open 命令

3．下列 Python 的开发环境不正确的是_____。

    A．利用 Python 自带的集成开发环境 IDLE

    B．利用 Windows 的命令提示符 cmd   C．使用 PyCharm 编辑器编写 py 文件

    D．使用 Word 编辑器编写 py 文件

4．在 Python IDLE 的程序文件窗口中可以_____进行程序调试。

    A．选择 Edit 菜单中的 Run 命令   B．按【F5】键

    C．选择 File 菜单中的 Run Module 命令   D．按【F2】键

5．在 Python 的 IDLE 窗口中，可通过_____组合键调出上一条输入的命令进行修改执行。

    A．【Ctrl+C】   B．【Ctrl+X】   C．【Alt+V】   D．【Alt+P】

6．Python 程序的注释应_____。

    A．在程序中用 [ ] 括起来   B．在程序中用 { } 括起来

    C．在程序中由 # 开头   D．在程序中由 $ 开头

7．下列关于 Python 编码规范的说法正确的是_____。

    A．建议 4 个空格的缩进，不使用【Tab】键，更不能混合使用【Tab】键和空格键

    B．尽量不要将多个语句写在同一行，尽管允许使用 ';' 分号分隔

    C．关于注释的使用，总体原则，错误的注释不如没有注释

    D．以上都对

8．下列关于命名规范的说法正确的是_____。

    A．尽量避免单独使用小写字母"l"，大写字母"O"等容易混淆的字母

    B．普通变量命名尽量全部用小写字母，全局变量尽量全部用大写字母

    C．模块命名尽量短小，使用全部小写的方式，可以使用下画线

    D．以上都对

9．下列_____不是 Python 中的字符串常量。

    A．'125'   B．'程序'   C．[美国]   D．"Python"

10．下列_____变量名在 Python 中是不合法的。

    A．int32   B．4XY   C．学号   D．my 姓名

11．Python 支持的数据类型有_____。

    A．整型   B．浮点型   C．布尔型   D．以上都对

12．下列关于 Python 变量说法错误的是_____。

    A．变量不必事先声明   B．变量无须先创建和赋值而直接使用

    C．变量无须指定类型   D．可以使用 del 释放资源

13．若变量 a=' 张三 ',b=' 你好 ',c=5，下列对变量 d 赋值语句错误的是_____。

    A．d= a*c   B．d= a+b   C．d= a+c   D．d= a[0]

14．变量 s1 和 s2 均存储了一个字符串，连接两个字符串正确的是_____。

    A．s1*s2   B．s1&s2   C．s1-s2   D．s1+s2

15．执行下列语句后的显示结果是_____。

```
x="abc"
```

```
y=2
print(x+y)
```

　　A．abc 　　　　　　B．abcabc 　　　　　C．abc2 　　　　　D．提示错误

16．下列语句_____在 Python 中是非法的。

　　A．x=y=z=1 　　　　B．x=(y=z+1) 　　　C．x,y=y,x 　　　　D．x+=y

17．关于字符串下列说法错误的是_____。

　　A．字符应该视为长度为 1 的字符串 　　　B．字符串以 \0 标志字符串的结束

　　C．既可以用单引号，也可以用双引号创建字符串

　　D．在三引号字符串中可以包含换行回车等特殊字符

18．执行下列语句后的显示结果是_____。

　　A．goodevening！ 　　B．"good"str 　　　C．good evening！ 　　D．语法错误

```
>>> str="evening！"
>>> print("good"+str)
```

19．设 s="How do you do!"，那么 print(s[-5:]) 的结果是_____。

　　A．u do! 　　　　　B．How d 　　　　　　C．ou do 　　　　　D．you d

20．下列程序的输出结果是_____。

```
List1=['5','9','6','H','7']
List2=['B','8','13','W']
List3=List1+List2
print(List3[6])
```

　　A．7 　　　　　　　B．B 　　　　　　　　C．8 　　　　　　　D，13

21．语句 print(' 你好 '*2) 输出的结果是_____。

　　A．语法错误 　　　B．你好你好 　　　　C．你好 　　　　　D．你好 2

22．若 score=95，语句 print(' 我的成绩是：%s 分 ',score) 执行的结果是_____。

　　A．我的成绩是：95 分 　　　　　　　　B．我的成绩是：%s 分 95

　　C．我的成绩是：95 分，95 　　　　　　D．语法错误

23．若 name=' 张三 '，price=30，要输出"张三买书花了 30 元"，下列语句正确的语句
　　是_____。

　　A．print('%s 买书花了 %s 元 ',name, price)

　　B．print('%s 买书花了 %s 元 ' %name,% price)

　　C．print('%s 买书花了 %s 元 ',%(name, price))

　　D．print('%s 买书花了 %s 元 ' %(name, price))

24．语句 print("圆周率{{{1}{2}}}是{0}".format ("无理数","3.14","..."))执行的结果是_____。

　　A．出错 　　　　　　　　　　　　　　B．圆周率{3.14...}是无理数

　　C．圆周率3.14...是无理数 　　　　　　D．圆周率{{3.14...}}是无理数

25．语句 print("{0:*^10}".format("Python"))执行的结果是_____。

　　A．Python**** 　　　　　　　　　　　B．****Python

　　C．**********Python 　　　　　　　　D．**Python**

26. 若a='[[1,2],[3,4],[5,6]]'，执行b=eval(a)，则b[1][1]的结果是_____。

    A．1   B．2   C．3   D．4

27. 下列属于 Python 可变数据类型的是_____。

    A．列表和字符串   B．列表和字典   C．列表和数字   D．列表和元组

28. 列表 list=[15，23，36，48，57] 中，数据元素 36 的索引位置是_____。

    A．2   B．3   C．4   D．5

29. 设有列表 s=['1'，'2'，'3'，'b'，'c'，'d']，要在第四个数据元素'b'之前插入一个值为'a'的数据元素，正确的语句是_____。

    A．insert s(4,'a')   B．insert s(3,'a')   C．s.insert[4,'a']   D．s.insert(3,'a')

30. 一个有 5 个数据元素的列表 t，要删除其第一个数据元素，正确的语句是_____。

    A．t.del[0]   B．t.del[1]   C．del t[0]   D．del t[1]

31. 设 s="Happy birthday!"，则执行 print(s[3:8]) 的结果为_____。

    A．ppy b   B．py bi   C．y bir   D．py bir

32. 执行下列语句后的显示结果是_____。

```
s="Hello world!"
print(s[3:-4])
```

    A．lo wo   B．orld!   C．o wor   D．llo w

33. 一个有 8 个数据元素的列表 t，要打印输出索引位置 2 到索引位置 5 的四个元素，正确的语句是_____。

    A．print(t[2:4])   B．print(t[2:5])   C．print(t[2:6])   D．print(t[2,4])

34. 以下不能创建一个字典的语句是_____。

    A．dict1 = {}   B．dict3 = dict([3 , 4] ,[5 , 6])

    C．dict2 = { 2 : 6 }   D．dict4 = { '1': 16, '2': 28}

```
d1['1']=8
sum=d1['1'] + d2['1']
print(sum)
```

35. 执行下列语句后的显示结果是_____。

    A．11   B．8   C．13   D．16

36. 下列属于说法不正确的是_____。

    A．列表元素的序号是从 0 开始编号的

    B．Python 的元组与列表类似，不同之处在于元组的元素不能修改

    C．表达形式上，列表使用小括号，元组使用方括号

    D．字典中的每个元素由键和值两部分组成，键是关键字，值是与关键字有关的数据

37. 用于结构化程序设计的三种基本结构是_____。

    A．顺序结构、选择结构、循环结构   B．for、while、continue

    C．嵌套结构、选择结构、循环结构   D．if、pass、continue

38. 下列属于 Python 选择语句的是_____。

    A．if 语句   B．if…else 语句   C．if…elif 语句   D．以上都对

39. 以下叙述正确的是_____。

    A．continue 语句的作用是结束整个循环的执行

    B．只能在循环体内使用 break 语句

    C．在循环体内使用 break 语句或 continue 语句的作用相同

    D．从多层循环嵌套中退出时，只能使用 goto 语句

40. 下面_____是 Python 的逻辑运算符。

    A．or   B．&   C．==   D．=

41. 语句设 a=6，b=7，c=8，则逻辑表达式 c-b<a and a+b>c 的值是_____。

    A．true   B．false   C．True   D．False

42. 若 x='25'，y='8'，要比较 x 与 y 的大小，下列说法正确的是_____。

    A．两个字符串所包含的字符个数相同时才能进行比较，因此无法比较 x、y 的大小

    B．字符个数多的字符串比字符个数少的字符串大，因此 x 大于 y

    C．因为 25>8，所以 x 大于 y

    D．字符串比较，先比较字符串前面的字符 ASCII 码大小，因此 y 大于 x

43. 设三个变量 x，y，z 均各自保存了一个整数，要实现判断 "x，y，z 中正好有两个为负数" 的判断，则下列_____逻辑表达式是正确的。

    A．(x<0 and y<0) or(x<0 and z<0) or (y<0 and z<0)

    B．(x<0 and y<0) and (x<0 and z<0) and (y<0 and z<0)

    C．(x<0 and y<0) or (x<0 and z<0) or (y<0 and z<0) not (a<0 and b<0 and c<0)

    D．((x<0 and y<0) or (x<0 and z<0) or (y<0 and z<0)) and (not(x<0 and y<0 and z<0))

44. 能正确表示 "当 x 的取值在 [1,10] 或 [20,30] 范围内为真，否则为假" 的条件表达式的是_____。

    A．(x>=1) and (x<=10) and (x>=20) and (x<=30)

    B．(x>=1) or (x<=10) or (x>=20) or (x<=30)

    C．((x>=1) and (x<=10))or((x>=20) and (x<=30))

    D．((x>=1) or (x<=10))and((x>=20) or (x<=30))

45. 若运行时输入 123，则下列程序的运行结果是_____。

```
temp=input('请输入一个整数：')
print(temp*3)
```

    A．369   B．123   C．123123123   D．语法错误

46. print('%d.%02d%%' %(125/6,125%6)) 的运行结果是_____。

    A．20.%02   B．20.025

    C．20.05%   D．125/6.02125%6%%

47. int(9/2) 的结果是_____。

    A．错误的表达式   B．4.5   C．5   D．4

48. Python 2 版本中运行 range(2,10,2) 的返回结果是_____。

    A．[2,4,6,8]   B．[2,4,6,8,10]   C．(2,4,6,8)   D．(2,4,6,8,10)

49. 对于下面这段 Python 程序代码的判断，正确的是_____。

```
temp1='5'
temp2=3
if temp1=='5':
    temp2=6
    print(temp1*temp2)
```

A．第 3 行有错　　　B．第 4 行有错　　　C．第 5 行有错　　　D．没有错误

50．当 a=1，b=3，c=5，d=4 时，执行完下面一段程序后 x 的值是_____。

```
if a<b:
    if c<d:
        x=1
    else:
        if a<c:
            if b<d:
                x=2
            else:
                x=3
            else:
                x=6
else:
    x=7
print(x)
```

A．2　　　　　　B．3　　　　　　C．6　　　　　　D．7

51．下面这段 Python 程序的执行结果是_____。

```
k=0
for i in range(0,2):
    for j in range(0,3):
        k=k+1
    k=k-j
m=i+j
print('k=',k,'m=',m)
```

A．k=2 m=3　　　B．k=1 m=3　　　C．k=2 m=5　　　D．k=1 m=5

52．下面这段 Python 程序的运行结果是_____。

```
A=['7','8','9','H','J','K']
j=0
for i in A:
    j=j+1
    if j==3:
        break
print(i)
```

A．8　　　　　　B．9　　　　　　C．H　　　　　　D．J

53．假设 x 为整型数据，以下程序中 while 循环执行的次数为_____。

```
x=200
while x>1:
    print(x)
    x=x/2
```

A．8　　　　　　B．7　　　　　　C．9　　　　　　D．200

54. 以下 Python 程序的输出结果是_____。

```
x=4
if x==4:
    x=x+1
    x=x**2
print(x)
```

   A. 16   B. 25   C. 8   D. 10

55. 以下 Python 程序的输出结果是_____。

```
x=16
if x<0:
    y=0
elif x<10:
    y=3*x/4
else:
    y=3.5*x-12.5
print("y=%s"%y)
```

   A. y=0   B. y=12   C. y=16   D. y=43.5

56. 以下程序的输出结果是_____。

```
s='as123hj45er789adr246apq'
count=0
for i in range(0,len(s)):
    if s[i]=='a':
        count+=1
print(count)
```

   A. 2   B. 3   C. 4   D. 5

57. 下面这段 Python 程序的运行结果是_____。

```
for m in range (1,2):
    for n in range(1,3):
        print(m," ",n)
print(" ")
```

   A. 2 2   B. 1 2   C. 2 1   D. 1 1
      1 1   1 1   1 2   1 2

58. 下面是计算 20 以内所有奇数的和程序，程序运行后的输出结果是_____。

```
i=1
s=0
while i<=20:
    s+=i
    i=i+2
print(s)
```

   A. 120   B. 100   C. 11   D. 1000

59. 使用函数的好处是_____。

   A. 重用代码   B. 减少复杂性   C. 易于维护   D. 以上都对

60. 自顶向下逐步求精的程序设计方法是指_____。

A．将一个大问题简化为同样形式的较小问题

B．先设计类，再实例化为对象

C．解决方案用若干个较小问题来表达，直至小问题很容易求解

D．先设计简单版本，再逐步增加功能

61．简单变量作为实参时，它和对应的形参之间数据传递方式是_____。

A．由形参传给实参   B．由实参传给形参

C．由实参传给形参，再由形参传给实参

D．由用户指定传递方向

62．Python 中定义函数的关键字是_____。

A．function   B．func   C．procedure   D．def

63．递归函数的递归特性是_____。

A．必须有一个明确的结束条件

B．每次进入更深一层递归时，问题规模相比上次递归都应有所减少

C．递归效率不高，递归层次过多会导致栈溢出

D．以上都对

64．若输入立方体的边长为 5，程序的运行结果是_____。

```python
import math
def sqcu():
    x=float(input('输入立方体的边长: '))
    print('边长为 ',x,' 立方体体积是 ',x**3)
sqcu()
```

A．边长为 5.0，立方体体积是 125.0   B．边长为 5.0 立方体体积是 125.0

C．5.0 125.0   D．125.0 5.0

65．下面程序的运行结果是_____。

```python
def hw():
    print('hello world')
def hs():
    for i in range(0,2):
        hw()
hs()
```

A．hello   B．world

C．hello world   D．hello world hello world

66．下面程序的输出是_____。

```python
def f(a,b):
    a=1
    print(a,b)
def main():
    a=2
    b=3
    print(a,b)
    f(a,b)
    print(a,b)
```

```
main()
```

 A.　2 3　　　　　　　B.　2 3　　　　　　C.　1 3　　　　　　D.　1 3

  1 3　　　　　　　　2 3　　　　　　　1 3　　　　　　　2 3

  2 3　　　　　　　　2 3　　　　　　　2 3　　　　　　　2 3

67. 下面程序的运行结果是_____。

```
x=3
y=5
def func(x,y):
    x=x*y
    return x
y=func(x,y)
print("x=%s y=%s"%(x,y))
```

 A.　x=3 y=15　　　B.　x=15 y=3　　C.　x=3 y=5　　　D.　x=5 y=3

68. 下面程序的运行结果是_____。

```
def func():
    x=1
    print('x=%d'%x)
    x+=1
for i in range(2):
    func()
```

 A.　x = 1　　　　　B.　x = 1　　　　C.　x = 2　　　　D.　x = 2

  x = 2　　　　　　　x = 1　　　　　　x = 1　　　　　　x = 3

69. 下面程序的执行结果是_____。

```
i=1
while i+1:
    if i>4:
        print("%d\n"%i)
        i+=1
        break
    print("%d"%i)
    i+=1
    i+=1
```

 A.　1　　　　　　　B.　1　　　　　　C.　5　　　　　　D.　6

  3　　　　　　　　　3　　　　　　　4　　　　　　　2

  6　　　　　　　　　5　　　　　　　2　　　　　　　1

70. 下面程序的运行结果是_____。

```
def fun(s):
    if s=="":
        return 0
    else:
        return len(s)
print(fun("Merry Christmas!"))
```

 A.　15　　　　　　　B.　16　　　　　　C.　17　　　　　　D.　0

71. 下面程序的运行结果是_____。

```
def sum(a,b):
    return a+b
func=sum
c=func(5,8)
print(c)
```

A. 13   B. 40   C. 8   D. 5

72. 下面程序的运行结果是_____。

```
def test(x1,x2):
    x1=x1*x1
    x2=x2*x2
    y=x1+x2
    return y
a1=1
a2=2
b=test(a1,a2)
print("a1,a2=",a1,a2)
print("b=",b)
```

A. a1,a2=2 3   B. a1,a2=1 2   C. a1,a2=1 2   D. a1,a2=2 3
     b= 5   b= 3   b= 5   b= 6

73. 当不需要对文件操作时，应该关闭文件，Python 提供了_____方法关闭文件对象。

A. open()   B. close()   C. rename()   D. remove()

74. Python 的 os 模块提供了许多用于执行文件和目录处理操作的方法，下列不属于该类方法的是_____。

A. rename()   B. remove()   C. mkdir()   D. sorted()

75. 下列可以写入文件方法有_____。

A. write() 或 writelines()   B. getcwd()

C. read()   D. readline()

76. 下列程序运行结果是_____。

```
x=[1,2,3]
try:
    print(x[3])
except Exception as e:
    print(e)
```

A. 3   B. 程序报错   C. list index out of range   D. 2.71828

77. 令t={x*2 for x in 'abcd'}，则print(t)的结果是_____。

A. {'aa', 'bb', 'cc', 'dd'}   B. {'a', 'b', 'c', 'd'}

C. {'abcdabcd '}   D. {x*2 for x in 'abcd'}

78. 下列程序运行结果是_____。

```
x={1:2}
x[2]=3
print(x)
```

A. {1: 2, 2: 3}   B. {1: 3}   C. {1: 2: 3}   D. 其余选项都不对

79. 下列程序运行结果是_____。

```
alist=[1,1,2,3]
b=set(alist)
print(b)
```

  A. {1, 1, 2, 3} B. [1,1,2,3] C. [1, 2, 3] D. {1, 2, 3}

80. 已知a=list('my')+list('book')，则a的值是_____。

  A. 'mybook'   B. ['m','y','b','o','o','k']

  C. ['mybook']   D. {'m','y','b','o','o','k'}

81. 下列程序的输出结果是_____。

```
a=[10,20,30]
print(a*2)
```

  A. [20, 40, 60]   B. [10, 20, 30, 10, 20, 30]

  C. [10, 20, 30]   D. 出错

82. 以下不能创建一个字典的语句是_____。

  A. dict3 = dict([2 , 5] ,[3 , 4])   B. dict1 = {}

  C. dict2 = { 3 : 5 }   D. dict4 = dict(([1,2],[3,4]))

83. {1, 2, 3} & {3, 4, 5}结果是_____。

  A. 程序出错 B. {1, 2, 3, 4, 5} C. {3}   D. {1, 2, 3, 3, 4, 5}

84. 设 dict = {'a': 1, 'b': 2, 'b': '3'}，执行 print(dict['b'])，则输出结果是_____。

  A. 2   B. 3   C. 'b': 2   D. 'b': '3'

85. 对于字典 d={'abc':1, 'qwe':2, 'zxc':3}，len(d)的结果为_____。

  A. 12   B. 3   C. 9   D. 6

二、判断题

1. 不可以在同一台计算机上安装多个 Python 版本。（　　）

2. 空行的作用在于分隔两段不同功能或含义的代码，便于代码的维护或重构。（　　）

3. 常见的 IDE 开发环境有 Notepad++、pycharm、Sublime 和 Spyder 等。（　　）

4. Python 程序只能在安装了 Python 环境的计算机上以源代码形式运行。（　　）

5. 使用 IDLE 中的 Edit → Open 命令可打开一个已存在的 Python 程序文件。（　　）

6. Python 模块就是一些函数、类和变量的组合，是扩展名为 .py 的文件。（　　）

7. 使用 Python 列表的方法 insert() 为列表插入元素时会改变列表中插入位置之后元素的索引。（　　）

8. Python 列表中所有元素必须为相同类型的数据。（　　）

9. Python 可以不对变量如 a 初始化就可在表达式如 b=a+1 中使用该变量。（　　）

10. Python 可以不加声明就使用变量。（　　）

11. 一个数字 5 是合法的 Python 表达式。（　　）

12. Python 中能够直接处理的数据类型有整型、浮点型、布尔型、字符型。（　　）

13. Python 规定变量名可由字母（可以是汉字）、数字或下画线组成，但是不能由数字开头，变量名中也不能包含空格。（　　）

14. Python 中不能用关键字如 print、if、for、while 等作为自定义变量的变量名。（　　）
15. Python 3 中可以直接用 True、False 表示布尔值。（　　）
16. None；False；1（整型），0.0（浮点型）等对象的布尔值是 False。（　　）
17. 顺序结构就是指按语句出现的先后顺序执行的程序结构，是结构化程序中最简单的结构。（　　）
18. Python 中的一个变量初始定义时存储了某个类型数据，之后在程序运行中，可根据需要变成存储其他类型的数据。（　　）
19. 在编写多重循环时，为了提高运行效率，应尽量减少内循环中不必要的计算。（　　）
20. 循环语句可以有 else 子句，它在循环正常结束时被执行，但循环在被 break 终止时不执行。（　　）
21. pass 是空语句，是为了保持程序结构的完整性。（　　）
22. if 语句中的条件表达式是由变量、常量、比较运算符或逻辑运算符等组成。（　　）
23. 在 Python 中有 for 循环、while 循环和 do…while 循环。（　　）
24. for 循环主要用于执行循环语句块前已经确定循环执行次数的情况。（　　）
25. range() 是 Python 内置函数，它返回一系列连续增加的整数，生成一个列表对象。（　　）
26. 循环次数不确定时，使用 while 循环或 for 循环都可以。（　　）
27. 编写函数时，一般先对参数进行合法性检查，然后再编写正常的功能代码。（　　）
28. 定义 Python 函数时，如果函数中没有 return 语句，则默认返回空值 None。（　　）
29. 定义函数时，即使该函数不需要接收任何参数，也必须保留一对空的圆括号来表示这是一个函数。（　　）
30. 函数中必须包含 return 语句。（　　）
31. 不同作用域中的同名变量之间互相不影响，也就是说，在不同的作用域内可以定义同名的变量。（　　）
32. 调用函数时传递的实参个数必须与函数形参个数相等才行。（　　）
33. 执行 from math import sin 之后，可以直接使用 sin() 函数，如 sin(3)。（　　）
34. 调用函数时，在实参前面加一个星号 * 表示序列解包。（　　）
35. 在 python 中，类型属于对象，变量是没有类型的。（　　）
36. 可用 open("file1", mode="r") 方式打开文件并进行修改。（　　）
37. Python 标准库 os 中的方法 remove() 可以删除带有只读属性的文件。（　　）
38. 使用内置函数 open() 打开文件时，只要文件路径正确就总是可以正确打开的。（　　）
39. 使用 print() 函数无法将信息写入文件。（　　）
40. 以写模式打开的文件无法进读操作。（　　）
41. readline() 读取整个文件所有行，返回一个列表变量，每行作为一个列表元素。（　　）
42. Python 标准库 os 中的方法 exists() 可以用来测试给定路径的文件是否存在。（　　）
43. Python 标准库 os 中的方法 isfile() 可以用来测试给定的路径是否为文件。（　　）
44. Python 提供了 remove() 方法用于删除指定路径的文件。（　　）
45. 文件打开的默认方式是只读。（　　）

46．使用write方法写入文件时，数据会追加到文件的末尾。　　　　　　　（　　　）

47．Python 能够以文本和二进制两种方式处理文件。　　　　　　　　　（　　　）

48．Python不能处理Excel文件。　　　　　　　　　　　　　　　　　　（　　　）

49．使用内置函数 open() 且以 w 模式打开文件，文件指针默认指向文件尾。（　　　）

50．实际开发中，文件或者文件夹操作都要用到os模块。　　　　　　　　（　　　）

三、填空题

1．Python 使用符号＿＿＿＿＿＿标示单行注释；多行注释使用符号＿＿＿＿＿＿将注释括起来。

2．IDLE 的运行界面中＿＿＿＿＿＿是 Python 的提示符。

3．右击Python的程序文件，在弹出的快捷菜单中选择＿＿＿＿＿＿命令可打开它并调试运行。

4．Python 中导入模块要使用关键字＿＿＿＿＿＿。

5．多个语句也可以写在同一行，语句之间要用＿＿＿＿＿＿符号隔开。

6．世界上最大的视频网站 YouTube 是用＿＿＿＿＿＿语言开发的。

7．Python 的 turtle 模块可以画彩色图案，需要使用到设置画笔颜色的＿＿＿＿＿＿函数，必要时还要用到控制填色区域的一对函数：＿＿＿＿＿＿。

8．turtle 模块使用＿＿＿＿＿＿函数可将画笔提起，移动画笔时不会画出线条。

9．表达式 1/4+6.25 的值是＿＿＿＿＿＿。

10．请给出计算 $2^{15}-1$ 的 Python 表达式＿＿＿＿＿＿。

11．Python 序列类型包括＿＿＿＿＿＿、＿＿＿＿＿＿、＿＿＿＿＿＿三种。

12．Python 的除法运算符是＿＿＿＿＿＿，取余运算符是＿＿＿＿＿＿。

13．设 s='abcdefg'，则 s[3] 值是＿＿＿＿＿＿，s[3:5] 值是＿＿＿＿＿＿。

14．字典中多个元素之间使用＿＿＿＿＿＿分隔开，每个元素的"键"与"值"之间使用＿＿＿＿＿＿分隔开。

15．字典用一对＿＿＿＿＿＿作为界定符，每个元素由两部分＿＿＿＿＿＿组成，其中＿＿＿＿＿＿不允许重复。

16．列表 List=[1, 3, 5, 7, 9, 11, 13, 15]，则 List[3:6] 的值是＿＿＿＿＿＿。

17．转义字符 '\n' 的含义是＿＿＿＿＿＿。

18．Python 中字符串是由纯英文的＿＿＿＿＿＿括起来。

19．在循环语句中，＿＿＿＿＿＿语句的作用是提前结束本层循环。

20．Python 提供了两种基本的循环结构：＿＿＿＿＿＿和＿＿＿＿＿＿。

21．Python 关键字 elif 表示＿＿＿＿＿＿和＿＿＿＿＿＿两个单词的缩写。

22．执行代码 x, y, z = sorted([1, 3, 2]) 之后，变量 y 的值为＿＿＿＿＿＿。

23．在函数内部可以通过关键字＿＿＿＿＿＿来定义全局变量。

24．如果函数中没有 return 语句或者 return 语句不带任何返回值，那么该函数的返回值为＿＿＿＿＿＿。

25．参数表可由多个形式参数（简称形参）构成，用＿＿＿＿＿＿分隔。

26．Python 内置函数＿＿＿＿＿＿用来返回序列中的最大元素。

27．已知函数定义 def func(*p):return sum(p)，那么表达式 func(1,2,3) 的值为＿＿＿＿＿＿。

28．Python 标准库 math 中用来计算平方根的函数是＿＿＿＿＿＿。

29. Python 内置函数_____用来返回数值型序列中所有元素之和。

30. Python 中调用_____函数打开文件，调用_____函数关闭文件。

31. Python 中调用_____函数可实现对文件内容的读取。

32. Python 提供了_____方法来写入文件。

33. Python 提供了_____方法用于删除指定路径的目录。

34. Python 提供了_____方法在当前目录中创建新的目录，新目录名以字符串形式作为方法的参数。

35. Python 提供了_____方法改变当前目录，待设为当前目录的目录名以字符串形式作为方法的参数。

36. Python 提供了_____方法显示当前目录名。

37. 下面这段程序的功能是：依次取出字符串中所有数字字符，形成新的字符串。请在横线处填上正确的语句。

```
str='a3st45pm789jkler72yufhjk15r3mn66'
_____①_____
i=0
while i<len(str):
    if _____②_____:
        newStr=newStr+str[i]
    i=i+1
print(' 新组成的数据是: ',newStr)
```

38. 下面这段 Python 程序的功能是：用户输入一个三位以上的整数，输出其百位以上的数字。例如用户输入12345，则程序输出 123，（提示：使用整除运算）。请在横线处填上正确的语句。

```
x=input('Please input an integer of more than 3 digits:')
x=int(x)
_____①_____
if x==0:
    print('You must input an integer of more than 3 digits.')
else:
    _____②_____
```

39. 下面这段 Python 程序的功能是：输入一个整数，判断该数是奇数还是偶数。请在横线处填上正确的语句。

```
number=input(" 请输入一个整数: ")
number= _____①_____
if (_____②_____):
    print("Tne number is 偶数 . \n")
else:
    print("Tne number is 奇数 . \n")
```

40. 下面程序的功能是：输入若干学生的成绩，求最高分，输入 0 结束循环。请在横线处填上正确的语句。

```
mark=1
max=0
while _____①_____:
    mark=input('请输入一个学生成绩: ')
    mark=int(mark)
    if (_____②_____):
        max=mark
print('输入的最高分是: ',max)
```

41. 下面程序的功能是：输入一个多位正整数，取出奇数位置上的数返回，例如输入的数为 123456 时，则返回的数为 135。请在横线处填上正确的语句。

```
x=input('请输入一个多位正整数: ')
y=''
i=0
while i< _____①_____:
    _____②_____
    i=i+2
print('新的多位正整数是: ',y)
```

42. 下面这段程序的功能是：删除字符串中的数字字符。请在横线处填上正确的语句。

```
str=input('请输入一个含有数字的字符串: ')
s=[]
for i in range(_____①_____):
    if (str[i]<'0') _____②_____ (str[i]>'9'):
        s.append(str[i])
str=''
while _____③_____:
    _____④_____
        del s[0]
print('去掉数字字符后，该字符串为: ',str)
```

43. 下面这段 Python 程序的功能是：有 1、2、3、4 个数字，组成互不相同且无重复数字的三位数。请在横线处填上正确的语句。

```
for i in _____①_____:
    for j in range(1,5):
        for k in range(1,5):
            if _____②_____:
                print(i,j,k)
```

44. 下面这段 Python 程序的功能是：假设一年期定期利率为 4.35%，计算需要过多少年，五万元的一年定期存款连本带息能翻番。请在横线处填上正确的语句。

```
y=50000
years=0
while y<100000:
    _____①_____
    y= _____②_____
print(str(years)+" 年以后，存款会翻番 ")
```

45. 下面这段 Python 程序的功能是：解决猴子吃桃问题。猴子第一天摘下若干个桃子，当即吃了一半，还不过瘾，又多吃了一个。第二天早上又将剩下的桃子吃掉一半，又多吃了一个。以后每天早上都吃了前一天剩下的一半零一个。到第 10 天早上想吃时，只剩下一个桃子了。求第一天共摘多少个桃子。（迭代法）请在横线处填上正确的语句。

```
_____①_____
x=1
while day>0:
    _____②_____
    day-=1
print("total=",x)
```

46. 编写函数，判断一个整数是否为素数，并编写主程序调用该函数。请在横线处填上正确的语句。

```
import math
def PrimeNum(x):
    y=int(math.sqrt(x)+1)
    for i in _____①_____:
        if _____②_____ ==0:
            return'No'
            break
        else:
            return'Yes'
print(PrimeNum(73))
print(PrimeNum(86))
print(PrimeNum(97))
```

47. 编写函数，输入数组，最大的与第一个元素交换，最小的与最后一个元素交换，输出数组。请在横线处填上正确的语句。

```
x=0
def max_min(array):
    _____①_____
    for i in range(1,len(array)-1): x=i
        if _____②_____ : max=x
        elif array[x]<array[min]: min=x
        _____③_____
    y=min
    array[9],array[y]=array[y],array[9]
    array[0],array[k]=array[k],array[0]
def outp(numbers):
    for i in range(_____④_____):
        print(numbers[i])
array=[13,37,59,97,83,72,61,6,48,25]
_____⑤_____
outp(array)
```

48. 编写函数，实现斐波那契数列。请在横线处填上正确的语句。

斐波那契数列指的是这样一个数列：0，1，1，2，3，5，8，13，…。这个数列从第 3 项开始，每一项都等于前两项之和，即：

$$F0=0 \qquad\qquad (n=0)$$
$$F1=1 \qquad\qquad (n=1)$$
$$Fn=F[n-1] + F[n-2] \qquad (n \geqslant 2)$$

```
def fib(n):
    a,b=0,1
    print(a)
    for i in _____①_____ :
            _____②_____
        print(a)
    return a
print(fib(10))
```

49. 编写函数，接收一个字符串，分别统计大写字母、小写字母、数字、其他字符的个数，并以元组的形式返回结果。请在横线处填上正确的语句。

```
def count(s):
    capital=little=digit=other=0
    for i in s:
        if i>='A'and i<='Z':
            _____①_____
        elif i>='a'and i<='z':
            little+=1
        elif _____②_____ :
            digit+=1
        else:
            other+=1
    return (capital,little,digit,other)
str='BBC=Capital*Facebook1Twitter2'
print(count(str))
```

50. 编写程序，将一个字符串的大写字母转换为小写字母，小写字母转换为大写字母，生成test.txt 文件，然后读取其内容。请在程序横线处填上正确的语句。

```
s='ABC123xyz'
print(s)
f=open('test.txt','w')
r=[i.swapcase() for i in s]
_____
f.close()
fp=open('test.txt','r')
print(_____)
fp.close()
```

51. 编写程序，从键盘输入一个字符串，将小写字母全部转换成大写字母，然后生成test.txt 文件。请在程序横线处填上正确的语句。

```
fp=open('test.txt','w')
string=input('please input a string:\n')
string= _____①_____
fp.write(string)
```

```
fp=_____②_____
print(fp.read())
fp.close()
```

52. 下面的代码捕捉处理下标超出范围时引发的异常，请在空白位置补充正确的代码。

```
x=[1,2,3]
try:
    print(x[3])
except _____①_____ :
    print('程序出错，错误信息如下：')
    print(err)
_____②_____
    print('程序运行结束！')
```

运行上述程序时的输出结果如下。

```
程序出错，错误信息如下：
list index out of range
程序运行结束！
```

四、编程题

1. 某公司员工的工资计算方法如下：

   （1）工作时数超过 120 小时者，超过部分加发 15%。

   （2）工作时数低于 60 小时者，扣发 700 元。

   （3）其余按 84 元每小时计发。

   要求：输入员工的工号和该员工的工作时数，计算应发工资，输出员工号及其工资。

2. 输入年月，求该月的天数。

   （1）每年的 1、3、5、7、8、10、12 月，每月有 31 天；4、6、9、11 月，每月有 30 天；闰年 2 月有 29 天，平年 2 月有 28 天。

   （2）年份能被 4 整除，但不能被 100 整除，或者能被 400 整除的年均是闰年。

3. 求 $\sin x = x - \dfrac{x^3}{3!} + \dfrac{x^5}{5!} - \dfrac{x^7}{7!} + \cdots$，直到最后一项的绝对值小于 10^{-6} 时停止计算。其中 x 为弧度，但从键盘输入时以角度为单位。（提示：math 模块中的 radians（）函数可将角度转换成弧度。）

4. 编写程序，输出 100~1 000 以内的全部素数。

5. 编写程序，计算 s=1! + 2! +⋯ +10!。

6. 编写程序，用下列公式，计算 π 的近似值，直到最后一项的绝对值小于为止。（提示：绝对值函数为 abs()，10−b 表示为 1e-6。）

$$\frac{\pi}{4} = 1 - \frac{1}{3} + \frac{1}{5} - \frac{1}{7} + \frac{1}{9} - \cdots$$

7. 编写程序，输出以下图案。

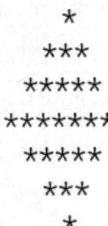

```
       *
      ***
     *****
    *******
     *****
      ***
       *
```

8. 编写判断n是否为素数的函数prime，如果n为素数返回True，否则返回False。输出10~99中所有的可逆素数（所谓可逆素数，就是这个数本身是素数且它的逆序也是素数，如13是素数，它的逆序31也是素数，则13是可逆素数）。

9. 水仙花数是指一个n位数（n≥3），它的每个位上的数字的n次幂之和等于它本身。例如：153是一个"水仙花数"，因为 153 是个 3位数，而1**3+5**3+3**3==153。编写程序：输入一个正整数max，输出100到max之间的所有水仙花数（包括max）。

10. 输入一行字符，分别统计出其中英文字母、空格、数字和其他字符的个数。

11. 有1、2、3、4个数字，能组成多少个互不相同且无重复数字的三位数？都是多少？要求输出所有符合条件的三位数及统计个数。

12. 定义一个 lambda 函数，返回三个数中的最大值。从键盘输入 3 个整数，输出其中的最大值。例如运行结果为：

```
请输入第 1 个数： 12
请输入第 2 个数： 5
请输入第 3 个数： 9
其中的最大值为： 12
```

13. 编程输出下面数字金字塔。

```
                1
               212
              32123
             4321234
            543212345
           65432123456
          7654321234567
         876543212345678
        98765432123456789
```

14. 编写程序，模仿医院叫号系统姓名隐藏方法，输入姓名，若姓名为二个字，则输出时第一个字用*号显示，若姓名大于二个字，则姓名第二个字用*号显示。例如，输入"葛优"，则输出显示"*优"；输入"王小二"，则输出"王*二"。

15. 编写程序，生成 10 个两位的随机素数。提示：Python 的标准模块 random 提供了随机数生成方法：random.randint(a,b)，它返回一个大于等于 a、小于等于 b 的随机整数。

第 4 章　Python 计算生态和数据智能分析

一、单选题

1. 导入模块的方式错误的是_____。

A. import mo　　　　　　　　　　　B. from mo import *

C. import mo as m　　　　　　　　　 D. import m from mo

2. _____不能正确引用turtle库进而使用setup()函数。

    A. import turtle as t　　　　　　　 B. import setup from turtle

    C. from turtle import hello*　　　　 D. import turtle

3. 哪个选项是下面代码的执行结果？_____

```
turtle.circle(-90,90)
```

    A. 绘制一个半径为90像素的整圆形

    B. 绘制一个半径为90像素的弧形，圆心在画布正中心

    C. 绘制一个半径为90像素的弧形，圆心在小海龟当前行进的右侧

    D. 绘制一个半径为90像素的弧形，圆心在小海龟当前行进的左侧

4. 关于turtle库的画笔控制函数，哪个选项的描述是错误的？_____

    A. turtle.penup()的别名有turtle.pu()，turtle.up()

    B. turtle.pendown()作用是落下画笔，并移动画笔绘制一个点

    C. turtle.width()和turtle.pensize()都可以用来设置画笔尺寸

    D. turtle.colormode()的作用是设置画笔RGB颜色的表示模式

5. 哪个选项不能改变turtle画笔的运行方向？_____

    A. bk()　　　　　B. seth()　　　　　C. right()　　　　　D. left()

6. 哪个选项能够使用turtle库绘制一个半圆形？_____

    A. turtle.circle(100, -180)　　　　 B. turtle.circle(100)

    C. turtle.fd(100)　　　　　　　　　 D. turtle.circle(100, 90)

7. 以下关于模块说法错误的是_____。

    A. 一个xx.py就是一个模块

    B. 任何一个普通的xx.py文件可以作为模块导入

    C. 模块文件的扩展名不一定是 .py

    D. 运行时会从制定的目录搜索导入的模块，如果没有，会报错异常

8. 哪个选项是使用 PyInstaller 库对 Python 源文件打包的基本使用方法？_____

    A. pip -h　　　　　　　　　　　　 B. pip install <拟安装库名>

    C. pip download <拟下载库名>

    D. PyInstaller 需要在命令行运行 :\>pyinstaller <Python源程序文件名>

9. 以下程序不可能输出的结果是：_____。

```
from random import *
print(round(random(),2))
```

    A. 0.47　　　　　B. 0.54　　　　　C. 0.27　　　　　D. 1.87

10. 以下程序不可能输出的结果是：_____。

```
from random import *
x=[30,45,50,90]
```

```
print(choice(x))
```

    A．30   B．45   C．90   D．55

11．random模块中_____方法的作用是将列表中的元素随机乱序。

    A．uniform   B．randint   C．shuffle   D．randrange

12．以下关于Python中random模块的说法不正确的是_____。

    A．设定相同的随机种子，每次调用随机函数生成的随机数相同

    B．通过from random import *引入random库的全部函数

    C．uniform(0,1)与uniform(0.0,1.0)的输出结果不同，前者输出随机整数，后者输出随机小数

    D．randint(a,b)是生成一个[a,b]之间的整数，可能包括a和b

13．如果当前时间是 2020年5月1日10点10分9秒，则下面代码的输出结果是_____。

```
import time
print(time.strftime("%Y=%m-%d@%H>%M>%S", time.gmtime()))
```

    A．2020=05-01@10>10>09   B．2020=5-1　10>10>9

    C．True@True   D．2020=5-1@10>10>9

14．用于安装 Python 第三方库的工具是_____。

    A．jieba   B．yum   C．loso   D．pip

15．以下属于 Python 脚本程序转变为可执行程序的第三方库的是_____。

    A．requests   B．scrapy   C．NumPy   D．PyInstaller

16．以下属于 Python 中文分词方向第三方库的是_____。

    A．Pandas   B．beautifulsoup4   C．python–docx   D．jieba

17．以下生成词云的 Python 第三方库的是_____。

    A．Matplotib   B．TVTK   C．mayavi   D．wordcloud

18．以下选项中不是 Python 数据分析的第三方库的是_____。

    A．NumPy   B．SciPy   C．Pandas   D．requests

19．以下属于聚类算法的是_____。

    A．K均值   B．Logistic Regression

    C．Apriori   D．Classification

20．下列关于K–Means算法初始聚类中心说法正确的是_____。

    A．样本中择优选出   B．样本中随机选出

    C．互相距离最近的n个点   D．互相距离最远的n个点

21．以下_____是Python语言中非常优秀的词云展示第三方库。

    A．NumPy   B．Pandas   C．wordcloud   D．Matplotlib

22．以下选项中，_____是用于机器学习的第三方库。

    A．jieba   B．snowNLP   C．loso   D．Sklearn

23．以下哪个不是Python常用的科学计算库？_____

    A．NumPy   B．Pandas   C．jieba   D．Matplotlib

24．以下哪个是Pandas库中的两个数据类型？_____

    A．List   B．Item   C．DataFrame   D．DataList

25．以下选项中，不是Python中用于开发用户界面的第三方库是_____。

    A．PyQt   B．wxPython   C．pygtk   D．turtle

26．通过_____库可完成数据的可视化。

    A．NumPy   B．Pandas   C．Matplotlib   D．jieba

27．下列创建Series对象的Python语句不正确的是_____，其中pd为Pandas库的别名。

    A．pd.Series([1,2,3])   B．pd.Series((1,2,3))

    C．pd.Series({"x":1,"y":2,"z":3})   D．pd.Series({1,2,3})

28．获取DataFrame对象df的前5行，使用以下那个代码？_____

    A．df.tail()   B．df.head()   C．df.info()   D．df[1:5]

29．运行以下代码，数据结果为_____。

```
import pandas as pd
df=pd.DataFrame({'X':[1,2,3,4],'Y':['a','b','c','d']},columns=list('XY'));
print(df.shape[0])
```

    A．4   B．2   C．(4,2)   D．(2,4)

30．返回DataFrame对象的行索引，使用属性_____。

    A．shape   B．index   C．columns   D．values

31．如果要依据DataFrame对象指定的列进行排序，需使用方法_____。

    A．sort_index   B．sort_values   C．sort_value   D．sort_indexs

32．返回DataFrame对象的列索引，使用属性_____。

    A．shape   B．index   C．columns   D．values

33．获取DataFrame对象df的后5行，使用以下哪个代码？_____

    A．df.head(-5)   B．df.head(5)   C．df.info()   D．df.tail()

34．当前目录下有一个Excel文件"score.xlsx"，里面有2张工作表Sheet1、Sheet2。下列哪个代码不可以实现从2张表中读出数据分别存入DataFrame对象df1和df2中？_____

    A．import pandas as pd

       a=pD. read_excel('score.xlsx',sheet_name=[0,1],header=0)

       df1=a[0]

       df2=a[1]

    B．import pandas as pd

       df1=pd.read_excel('score.xlsx',sheet_name=[0,1],header=0)[0]

       df2=pd.read_excel('score.xlsx',sheet_name=[0,1],header=0)[1]

    C．import pandas as pd

       df1=pd.read_excel('score.xlsx',sheet_name=0,header=0)

       df2=pd.read_excel('score.xlsx',sheet_name=1,header=0)

    D．import pandas as pd

       df1=pd.read_excel('score.xlsx',header=0)[0]

       df2=pd.read_excel('score.xlsx',header=0)[1]

35. 如果要获取数据的第二行和第三行，下列哪个代码不是正确的？_____

```
import pandas as pd
df=pd.DataFrame({'X':[1,2,3,4],'Y':['a','b','c','d']},columns=list
('XY'),index=list("abcd"))
```

  A. df[2:3]   B. df['b':'c']   C. df.iloc[1:3]   D. df.loc['b':'c']

36. 计算DataFrame对象df包含的行数，下列正确的是_____。

  A. df.shape[0] B. df.shape C. df.len() D. df.shape[1]

37. 下列关于pyplot库的相关属性的描述中，错误的是_____。

  A. alpha指定散点的透明度   B. linewidths指定散点边框线的宽度

  C. edgecolors指定散点的颜色   D. marke指定散点的图形样式

二、判断题

1. 假设已导入random标准库，那么表达式 max([random.randint(1, 10) for i in range(10)]) 的值一定是10。（　　）

2. Python标准库random的方法randint(m,n)用来生成一个[m,n]区间上的随机整数。（　　）

3. Python可以利用Matplotlib中的hist()方法来绘制散点图。（　　）

4. 假设random模块已导入，那么表达式 random.sample(range(10), 7) 的作用是生成7个不重复的整数。（　　）

5. 可以使用py2exe或PyInstaller等扩展库把Python源程序打包成为exe文件，从而脱离Python环境在Windows平台上运行。（　　）

6. WordCloud（词云）是Python中一个非常优秀的第三方词云展示库。（　　）

7. Python中，time库提供获取系统时间并格式化输出功能。（　　）

8. Python内置库里的函数不需要import就可以调用。（　　）

9. Python中，在import turtle之后就可以用circle()语句来画一个圆圈。（　　）

10. CSV文件格式是一种通用的、相对简单的文件格式，应用于程序之间转移表格数据。（　　）

11. CSV文件不能包含二维数据的表头信息。（　　）

12. time库的time.time()函数的作用是返回系统当前时间戳对应的struct_time对象。（　　）

13. jieba库的函数jieba.lcut(x)的作用是返回中文文本x分词后的列表变量。（　　）

三、填空题

1. Python安装扩展库常用的工具是_____。

2. 通过Series对象的_____属性和_____属性分别获取数据部分和索引部分。

3. Python标准库random中的sample(seq,k)方法作用是从序列中选择_____（重复/不重复）的k个元素。

4. Python标准库random中的_____方法作用是从序列中随机选择一个元素。

5. 以中国共产党第十九次全国代表大会报告中一句话作为字符串变量 s，完善 Python 程序，分别用 Python 内置函数及 jieba 库中已有函数计算字符串 s 的中文字符个数及中文词语个数。注意，中文字符包含中文标点符号。

```
import jieba
s ="中国特色社会主义进入新时代，我国社会主要矛盾已经转化为人民日益增长的美好生活需要
和不平衡不充分的发展之间的矛盾。"
n = _____
m = _____
print("中文字符数为{}，中文词语数为{}。".format(n, m))
```

输出：输出字符串 s 的中文字符个数及中文词语个数

6. 使用 turtle 库的 turtle.fd() 函数和 turtle.seth() 函数绘制一个边长为 200 的正方形，效果如图4-1所示。补充横线处代码。

```
import turtle
d=0
for i in range( _____ ):
    turtle.fd( _____ )
    d=_____
    turtle.seth( _____ )
```

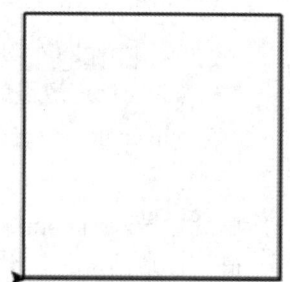

解析：turtle.seth()固定方向turtle.left()向左转turtle.right()向右转。

图4-1　绘制的正方形图

7. 如下是一个完整程序，根据提示代码完成如下任务，输出如"2020年10月10日10时10分10秒"样式的时间信息。

```
import time
timestr="2020-10-10 10:10:10"
t=time.strptime(timestr, "%Y-%m-%d %H:%M:%S")
print(time.strftime("_____", t))
```

8. 如下是使用series将一日期字符串转换为时间的完整程序，请补充横线处代码。

```
import pandas as pd
ser=pd.Series(['01 Jan 2010',
               '02-02-2011',
               '20120303',
               '2013/04/04',
               '2014-05-05',
               '2015-06-06T12:20'])
print(pd._____ (ser))
```

四、编程题

1. 使用turtle库的turtle.right()函数和turtle.circle()函数绘制一个星星图形，如图4-2所示。

2. 编写程序，生成包含20个随机数的列表，然后将元素逆序排列，并输出结果。

3. 定义一个函数lucky_money(money,num)发红包，money为红包总金额，num为红包个数，返回红包列表。提示：可以使用random的sample 函数生成包含num−1个在区间[1,100*money]之间的随机数的列表ret，将0和money*100分别插入列表头和尾，从列表的第1个数开始，依次执行m=ret[i+1]−ret[i]的操作，每次得到的值m/100即为

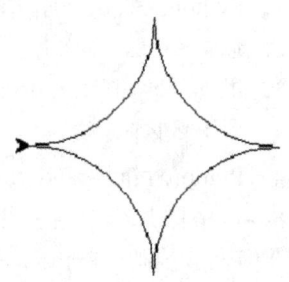

图4-2　绘制的星星图形

一个随机红包值。

4．将字符串'01 Jan 2010'中的年、月、日分别显示出来。

5．计算两个系列[1, 2, 3, 4, 5, 6, 7, 8, 9, 10]和[10, 9, 8, 7, 6, 5, 4, 3, 2, 1]之间的欧氏距离。

6．创建一个一维的长度为10的数据全为0的ndarray对象，然后让第5个元素等于1。

第 5 章　图像处理 Photoshop

一、单选题

1．下列文件格式中_____属于 Photoshop 软件的专用文件格式。

　　A．png　　　　　　　B．psd　　　　　　　C．bmp　　　　　　　D．gif

2．Photoshop CC 中要显示网络线，可以使用组合键_____。

　　A.【Ctrl+D】　　　　B.【Ctrl+H】　　　　C.【Ctrl+"】　　　　D.【Ctrl +R】

3．Photoshop CC 中图像最基本的组成单元是_____。

　　A．像素　　　　　　B．颜色　　　　　　C．图形　　　　　　D．路径

4．在 Photoshop CC 中对文件进行编辑操作后，单击菜单栏"文件"→"存储为"命令，在弹出的对话框中的默认文件保存格式为_____

　　A．PSD　　　　　　B．JPG　　　　　　C．当前使用的文件格式　　　D．PSB

5．在 Photoshop CC 中，组合键【Shift+Ctrl+S】表示_____。

　　A．关闭　　　　　　B．存储为　　　　　　C．全部关闭　　　　　D．存储

6．通过按_____组合键，可以关闭当前文档而不退出 Photoshop CC。

　　A．【Ctrl+W】　　　B．【Ctrl+Q】　　　C．【Ctrl+S】　　　D．【Alt+F4】

7．在 Photoshop CC 中，以下_____是新建空白图像文档的正确操作过程。

　　A．单击菜单栏"文件"→"新建"命令，出现新建文档的对话框，单击"取消"

　　B．单击菜单栏"文件"→"新建"命令，出现新建文档的对话框，单击"创建"

　　C．单击菜单栏"文件"→"新建"命令

　　D．单击菜单栏"文件"→"新建"命令，出现新建文档的对话框，设置文档的高度、宽度、分辨率等信息，单击"创建"

8．Photoshop CC 中新建一个空白图像文档后，则_____。

　　A．不可选择"关闭全部"命令　　　　B．一定要编辑后才可选择"存储为"

　　C．可选择"关闭全部"命令　　　　　D．一定要编辑后才可选择保存类型

9．以下_____不是 Photoshop CC 中图像文件的保存格式。

　　A．BMP　　　　　　B．MPO　　　　　　C．RAW　　　　　　D．ASF

10．"选择"菜单中的_____命令可以选取特定颜色范围内的图像。

　　A．全部　　　　　　B．反选　　　　　　C．重新选择　　　　D．色彩范围

11．下面_____的方式不能对选区进行变换或修改操作。

　　A．单击菜单栏"选择"→"变换选区"命令

　　B．单击菜单栏"选择"→"修改"命令

　　C．单击菜单栏"选择"→"存储选区"命令

　　D．单击菜单栏"选择"→"反选"命令

12. 用鼠标点亮图层面板中的眼睛图标，表示_____。

    A．该图层可见   B．该图层不可见

    C．该图层与当前图层链接在一起   D．该图层中包含有图层蒙版

13. 在 Photoshop CC 中编辑图像时，使用减淡工具可以实现_____。

    A．删除图像中某些区域   B．使图像中某些区域变暗

    C．使图像中某些区域改变颜色   D．使图像中某些区域变亮

14. _____是 Photoshop CC 多边形工具组中的工具。

    A．直线工具   B．矩形选框工具

    C．椭圆选框工具   D．多边形套索工具

15. 以下_____不是套索工具组中的工具。

    A．磁性套索工具   B．套索工具

    C．椭圆套索工具   D．多边形套索工具

16. 如果扫描的图像不够清晰，可用滤镜的_____功能来弥补。

    A．锐化   B．杂色   C．像素化   D．渲染

17. 可以将图案填充到选区内的工具是_____。

    A．模糊工具   B．图案图章工具   C．喷枪工具   D．吸管工具

18. 在 Photoshop CC 中，可使用_____工具来绘制路径。

    A．直线工具   B．弯度钢笔   C．路径选择工具   D．画笔

19. 在 Photoshop CC 中，清除参考线的组合键是_____。

    A．【Ctrl+；】   B．【Ctrl+O】   C．【Ctrl+T】   D．【Ctrl+Q】

20. _____是 Photoshop CC 的选框工具组中的工具。

    A．矩形工具   B．单行选框工具   C．椭圆工具   D．套索工具

21. 切片工具是 Photoshop CC_____中的工具。

    A．裁剪工具组   B．多边形工具组   C．选择工具组   D．选框工具组

22. 下面_____方法不能对选取的图像进行变换操作。

    A．【Ctrl+T】组合键   B．单击菜单栏"编辑"→"变换"命令

    C．单击菜单栏"图像"→"旋转画布"命令

    D．单击菜单栏"编辑"→"自由变换"命令

23. 执行菜单栏中的"编辑"→"填充"命令不能对图像区域进行_____填充。

    A．图案   B．背景色   C．渐变色   D．前景色

24. 通过图层面板复制图层时，将需要复制的图层用鼠标拖动到图层面板底部的_____按钮上即可。

    A．链接图层   B．创建新图层   C．添加图层蒙版   D．复制图层

25. 在 Photoshop CC 中，取消选区的组合键是_____。

    A．【Ctrl+J】   B．【Ctrl+T】   C．【Ctrl+A】   D．【Ctrl+D】

26. 裁剪工具可以通过_____个结点来调整图像选择区域的形状和旋转角度。

    A．2   B．4   C．6   D．8

27. 在 Photoshop CC 中，下列用于绘制路径的工具不包括_____。

A. 弯度钢笔工具 　　　　　　B. 自由钢笔工具
C. 钢笔工具 　　　　　　　　D. 套索工具

28. 裁剪图像可以使用_____。
A. 单列选框工具　　B. 单行选框工具　　C. 椭圆选框工具　　D. 裁剪工具

29. 裁剪工具通过调节裁剪框的结点来调整裁剪区域的_____。
A. 饱和度 　　　　　　　　　B. 形状和旋转角度
C. 旋转角度和裁剪区域的大小　D. 形状

30. 如果图像中已经存在一个选区，按住【Shift】键的同时拖出另一个选区，如果两个选区相交，则_____。
A. 最后选择的区域是两个选区的并集　B. 最后选择的区域是两个选区的交集
C. 两个选区同时存在　　　　　　　　D. 两个选区同时消失

31. 若想裁剪一个图像，正确的操作是_____。
A. 选择裁剪工具，拖动鼠标产生裁剪区，在裁剪框外双击
B. 选择裁剪工具，拖动鼠标产生裁剪区，连续两次【Enter】键
C. 选择裁剪工具，拖动鼠标产生裁剪区，在裁剪框外单击
D. 选择裁剪工具，拖动鼠标产生裁剪区，在裁剪框内单击

32. 对于在图像中输入文字的叙述正确的是_____。
A. 文字颜色必须一样，其他属性参数可以不同
B. 文字字体必须一样，其他属性参数可以不同
C. 文字各个属性参数必须相同　　D. 文字的各个属性参数可以不同

33. 在"历史记录"面板中不能实现的功能是_____。
A. 记录的每一步工具操作　　　　B. 记录的每一步命令操作
C. 记录的对预设、颜色设置和"动作"面板的设置
D. 将图像恢复到任一历史状态

34. 单击"文字工具"按钮，其默认的功能相当于选择了_____。
A. 直排文字工具 　　　　　　　B. 横排文字工具
C. 直排文字蒙版工具 　　　　　D. 横排文字蒙版工具

35. 在图像上输入文字，_____影响图像的清晰度。
A. 文字的字体会　　B. 会　　　　C. 不会　　　　D. 文字的颜色会

36. _____不会影响图像所占存储空间的大小。
A. 像素大小的改变 　　　　　　B. 存储图像时将其扩展名书写完整
C. 图像尺寸的改变 　　　　　　D. 在图像上书写文字

37. 在图层面板中，始终位于最低层的是_____。
A. 图层蒙版　　　B. 背景图层　　　C. 文本图层　　　D. 复制图层

38. 可以通过_____操作对图层的名称重命名。
A. 在图层名上右击→选择"重命名"
B. 选择图层，单击菜单栏"编辑"→"重命名"命令
C. 在图层面板底部单击"重命名"按钮

D．在图层名上双击鼠标

39．在图层面板中要创建一个新图层，可以单击图层面板中的_____按钮。

A． B． C． D．

40．在 Photoshop CC 中，可以使用菜单栏"_____"菜单来调整图像的色彩和饱和度。

A．编辑　　　　　B．图像　　　　　C．图层　　　　　D．滤镜

41．选择"椭圆选框工具"，在选项栏上单击"新选区"按钮，绘制一个以中心点为圆心的正圆选区，然后拖拉鼠标时必须要按住_____键。

A．【Shift+Alt】　B．【Ctrl+Shift】　C．【Ctrl】　　D．【Ctrl+Enter】

42．使用图层样式可以为图像制作特殊的效果，以下_____不是图层样式的内容。

A．内阴影　　　　B．外发光　　　　C．投影　　　　　D．羽化

43．图层的混合模式是指上下图层颜色之间的色彩混合方法，以下_____不是图层混合模式的效果。

A．溶解　　　　　B．斜面和浮雕　　C．变暗　　　　　D．正片叠底

44．在编辑处理图层中的图像时，不会影响其他图层中的图像。图层可以复制、移动，也可以_____。

A．调整堆叠顺序　B．调整颜色顺序　C．调整移动顺序　D．进一步锐化

45．可以根据图层功能和用途的不同进行分类，以下_____不是图层的类型。

A．像素图层　　　B．文字图层　　　C．深色图层　　　D．智能对象图层

46．当选择"渐变工具"时，可以实现多种渐变功能。如：_____线性渐变、径向渐变、角度渐变和对称渐变。

A．矩形渐变　　　B．菱形渐变　　　C．圆形渐变　　　D．椭圆形渐变

47．面板在默认状态下是以面板组的形式位于 Photoshop CC 的工作界面的右侧，用于设置颜色、工具参数以及执行编辑命令等。下面_____不是 Photoshop CC 的面板。

A．调整面板　　　B．字符面板　　　C．路径面板　　　D．模式面板

48．蒙版的作用是将不同_____转换为不同的透明度，并作用到它所在的图层，使图层不同部位的透明度产生相应的变化。

A．像素值　　　　B．灰度值　　　　C．颜色　　　　　D．饱和度

49．通道是存储图像颜色信息和选区信息等不同类型信息的_____。

A．灰度图像　　　B．图层图像　　　C．蒙版图像　　　D．RGB 图像

50．通道根据其存储信息的类型的不同，分为复合通道、_____、专色通道和 Alpha 通道。

A．羽化通道　　　B．彩色通道　　　C．黑白通道　　　D．颜色通道

51．只有以 PSD、PDF、PICT、TIFF 或 _____格式存储文件时，才能保留 Alpha 通道。使用其他格式存储文件时，可能会导致通道信息的丢失。

A．GIF　　　　　B．BMP　　　　　C．SVG　　　　　D．RAW

52．通过编辑蒙版可以对图层添加各种特殊效果，而不会影响该图层上的_____。

A．像素　　　　　B．颜色　　　　　C．样式　　　　　D．混合模式

53．在滤镜库中可以直观地查看添加滤镜后的图像效果，并且可以设置多个滤镜效果的_____。

A. 渐变　　　　　　　B. 叠加　　　　　　　C. 复制　　　　　　　D. 模式

54. "图层"面板中显示了图像的所有图层、_____和图层效果。

A. 路径　　　　　　　B. 图层组　　　　　　C. 文档属性　　　　　D. 样式

55. 图层蒙版是一种附加在目标 _____上的特殊的蒙版,用于控制图层中的部分区域是显示还是隐藏。

A. 图层　　　　　　　B. 图像　　　　　　　C. 选区　　　　　　　D. 通道

56. 颜色取样器工具的取样结果可以在哪个面板窗口中查看_____。

A. 直方图窗口　　　B. 属性窗口　　　　　C. 信息窗口　　　　　D. 测量记录窗口

57. 下面哪句话是错误的_____。

A. GIF格式具有32位色彩　　　　　　　B. PNG格式的压缩算法不影响图像质量

C. PNG格式和GIF都支持透明度

D. JPG/JPEG格式通过牺牲图像质量来换取更小的文件体积

58. 使用_____命令可以修改图像的分辨率。

A. 图像大小　　　　　B. 画布大小　　　　　C. 图像旋转　　　　　D. 变换

59. 在背景图层上进行下面哪一项操作可以将背景图层转换为普通图层?_____

A. 单击鼠标左键　　B. 双击鼠标左键　　C. 双击鼠标右键　　D. 单击鼠标右键

60. 双击工具箱中的_____可以将图像100%显示。

A. 抓手工具　　　　　B. 缩放工具　　　　　C. 裁剪工具　　　　　D. 移动工具

61. 按住_____键,当前工具转换为抓手工具。

A. 回车　　　　　　　B.【Ctrl】　　　　　　C.【Alt】　　　　　　D. 空格

62. 选择椭圆选框工具,按住_____键不放拖动鼠标,可从鼠标单击的位置作为中心绘制选区。

A.【Ctrl】　　　　　　B.【Shift】　　　　　　C.【Ctrl+Alt】　　　　D.【Alt】

63. 在使用磁性套索工具绘制选区时,按住_____键同时单击鼠标左键可切换为多边形套索工具。

A.【Ctrl】　　　　　　B.【Shift】　　　　　　C.【Ctrl+Alt】　　　　D.【Alt】

64. Photoshop中为了确定磁性套索工具对图像边缘的敏感程度,应调整_____值。

A. 容差　　　　　　　B. 对比度　　　　　　C. 频率　　　　　　　D. 宽度

65. 魔棒工具中容差的取值范围为_____。

A. 0~255　　　　　　B. 0~256　　　　　　C. 1~255　　　　　　D. 1~256

66. 自由变换的组合键是_____。

A.【Ctrl+H】　　　　B.【Alt+H】　　　　　C.【Ctrl+T】　　　　　D.【Alt+T】

67. "选择并遮住"命令的组合键是_____。

A.【Ctrl+E】　　　　B.【Ctrl+Alt+R】　　　C.【Alt+E】　　　　　D.【Shift+E】

68. 当使用魔棒工具选择图像时,在"容差"数值输入框中,输入的数值是下列哪一个所选择的范围相对最大?_____

A. 5　　　　　　　　B. 10　　　　　　　　C. 15　　　　　　　　D. 25

69. 在色彩范围对话框中为了调整颜色的范围,应当调整_____数值。

    A. 颜色容差　　　　B. 反相　　　　　C. 羽化　　　　　D. 消除锯齿

70. 下面哪个命令用来选取整个图像中的相似区域？_____
    A. 色彩范围　　　　B. 扩大选取　　　C. 扩边　　　　　D. 变换选区

71. 位图模式下每个像素由_____位二进制数表示。
    A. 8　　　　　　　　B. 2　　　　　　　C. 1　　　　　　　D. 4

72. _____命令可以创建蒙版，以选择图像中的特定颜色，然后替换那些颜色。
    A. 色相/饱和度　　　B. 通道混合器　　C. 可选颜色　　　D. 替换颜色

73. 使用仿制图章工具在两个图像文件之间复制图像时，两个图像文件的_____必须相同，否则将不能执行复制操作。
    A. 大小　　　　　　B. 颜色模式　　　C. 分辩率　　　　D. 图层个数

74. 使用仿制图章工具复制和修复图像时，按下_____键进行取样。
    A. 【Ctrl】　　　　B. 【Esc】　　　　C. 【Alt】　　　　D. 【Shift】

75. _____工具可以快速移去照片中的污点和其他不理想部分，且不要求指定样本点，自动从所修饰区域的周围取样。
    A. 污点修复画笔　　B. 修复画笔　　　C. 仿制图章　　　D. 修补

76. _____工具可移去用闪光灯拍摄的人像或动物照片中的红眼，也可以移去用闪光灯拍摄的动物照片中的白色或绿色反光。
    A. 修补　　　　　　B. 红眼　　　　　C. 图案图章　　　D. 仿制图章

77. _____工具先设置取样点，再将鼠标光标移到需要修复的图像位置按住左键拖曳鼠标，可对图像进行修复，并使修复后的图像与取样点位置图像的纹理、光照、阴影和透明度相匹配。
    A. 修补　　　　　　B. 修复画笔　　　C. 污点修复画笔　D. 仿制图章

78. 按住_____键，同时单击"通道"调板中相应Alpha通道的缩览图或缩览图右边处，可以将通道作为选区载入。
    A. 【Ctrl】　　　　B. 【Alt+Shift】　C. 【Alt】　　　　D. 【Shift】

79. _____是与分辨率相关的位图图像，它用来显示或隐藏图层的部分内容，也可保护图像的区域以免被编辑，它是图像合成中应用最广泛的蒙版。
    A. 快速蒙版　　　　B. 矢量蒙版　　　C. 剪贴蒙版　　　D. 图层蒙版

80. 在编辑图层蒙版时，使用_____在蒙版上涂沫，会将当前图层变得透明。
    A. 白色　　　　　　B. 深灰色　　　　C. 黑色　　　　　D. 浅灰色

81. 在"图层"调板中按住_____键单击"添加图层蒙版"按钮可创建一个黑色的蒙版，黑色的蒙版会遮住当前图层的所有内容。相当于选取"图层"→"图层蒙版"→"隐藏全部"菜单命令
    A. 【Ctrl】　　　　B. 【Alt+Shift】　C. 【Alt】　　　　D. 【Shift】

82. _____形成由起点到选区四周的辐射渐变效果。
    A. 线性渐变　　　　B. 径向渐变　　　C. 角度渐变　　　D. 对称渐变

83. 按住_____键，单击要转换的路径名称或缩略图，可将路径转换为选区。
    A. 【Ctrl】　　　　B. 【Tab】　　　　C. 【Alt】　　　　D. 【Shift】

84. 选择_____工具，并将其定位到文字上，指针会变为带箭头的 I 型光标，单击并沿路径拖动文字可以移动路径文字。

　　A. 路径选择　　　　　B. 移动　　　　　　C. 钢笔　　　　　D. 矩形选框

85. 在闭合的路径内输入文字时，当输入的文字超出了路径所能容纳的范围，会出现以下现象_____。

　　A. 超出的文字在路径范围外显示，路径及定界框的右下角将出现溢出图标。

　　B. 超出的文字不会显示，路径及定界框的右下角将出现溢出图标

　　C. 超出的文字在路径范围外显示，路径及定界框的右下角不会出现溢出图标

　　D. 超出的文字不会显示，路径及定界框的右下角不会出现溢出图标

86. Alpha通道最主要的用途是_____。

　　A. 保存图像色彩信息　　　　　　　　B. 保存图像未修改前的状态

　　C. 用来存储和建立选择范围　　　　　D. 是为路径提供的通道

87. 下列选项中哪个不属于扭曲滤镜组？_____

　　A. 球面化　　　　　B. 波纹　　　　　　C. 极坐标　　　　　D. 锐化

88. 以下可以编辑路径的工具有_____。

　　A. 直接选择工具　　B. 铅笔　　　　　　C. 钢笔　　　　　D. 磁性钢笔工具

89. 在按住alt键的同时，使用_____工具将路径选择后，拖拉路径将会将该路径复制。

　　A. 直接选择工具　　B. 移动工具　　　　C. 钢笔工具　　　D. 自由钢笔工具

90. 使用_____工具可以将涂抹的区域变得模糊。

　　A. 海绵工具　　　　B. 涂抹工具　　　　C. 模糊工具　　　D. 锐化工具

91. 使用_____工具不论在背景层或普通图层上擦除图像时，都会使擦除的区域转变为透明。

　　A. 钢笔工具　　　　B. 橡皮擦工具　　　C. 套索工具　　　D. 魔术橡皮擦工具

92. 下列_____工具可以选择连续的相似颜色的区域。

　　A. 椭圆选框工具　　B. 魔棒工具　　　　C. 磁性套索工具　D. 矩形选框工具

93. 下列选择工具中属于规则选择工具的是_____。

　　A. 套索工具　　　　B. 魔棒工具　　　　C. 选框工具　　　D. 钢笔工具

94. CMYK颜色模式采用哪几种基本色彩来配制颜色？_____

　　A. 红、绿、蓝、黑　　　　　　　　　B. 青、品红、黄、黑

　　C. 红、绿、蓝　　　　　　　　　　　D. 青、红、黄、黑

95. HSB模式里其中的S表示的是_____。

　　A. 饱和度　　　　　B. 色相　　　　　　C. 明亮度　　　　D. 色深

96. 在Alpha通道中_____色表示是被选择的区域。

　　A. 红　　　　　　　B. 白　　　　　　　C. 蓝　　　　　　D. 黑

97. 如果想表达字体外边框加粗或者用任意颜色围绕字体轮廓扩展的效果时，会使用_____样式效果。

　　A. 描边　　　　　　B. 投影　　　　　　C. 内阴影　　　　D. 外发光

98. 如果想表达字体凹陷的效果时会使用_____样式效果。

A. 描边　　　　　　　B. 投影　　　　　　　C. 内阴影　　　　　　D. 内发光

99. 如果想表达图像边缘有模糊向外扩展的效果时会使用_____样式效果。

A. 内阴影　　　　　　B. 描边　　　　　　　C. 外发光　　　　　　D. 内发光

100. 如果想让浅黄色花朵图案成为深蓝色文字的一种纹理，使用"图案叠加"样式效果后，会使用_____颜色模式，才能看见这种效果。

A. 明度　　　　　　　B. 正片叠底　　　　　C. 排除　　　　　　　D. 正常

101. 对魔术橡皮擦工具描述正确的一个选项是_____。

A. 可以像魔术棒一样选择相同的颜色，只用单击一次鼠标左键，就可以擦除近似的大面积颜色

B. 既可以像魔术棒一样选择相同的颜色，又可以像橡皮擦一样，涂抹擦除这些选择的颜色

C. 和魔术棒一样可以用来选择图像

D. 和橡皮擦一样可以通过不停的涂抹来擦除图像

102. 可以用来修复与修饰图像瑕疵的工具有_____。

A. 钢笔工具、渐变工具、剪切工具　　　B. 历史记录画笔工具、吸管工具

C. 修复画笔工具、仿制图章工具

D. 画笔工具、修复画笔工具、图案仿制图章工具

103. 在Photoshop中没有_____通道。

A. Alpha通道　　　B. 路径通道　　　　　C. 颜色通道　　　　　D. 专色通道

104. 双击抓手工具，图像将会_____。

A. 放大一倍　　　　　　　　　　　　　B. 满画布显示

C. 缩小一倍　　　　　　　　　　　　　D. 100%显示

105. 使用图层的最大好处是_____。

A. 对某一个图层中的图像进行编辑时，不会影响到其他图层中的图像

B. 能够增加图像的层次感　　　　　C. 能够美化图像

D. 能让图像文件变得非常整齐

106. 在文字图层上使用滤镜之前，需要对文字图层进行_____操作。

A. 转换为智能图层　　　　　　　　　B. 栅格化

C. 转为形状图层　　　　　　　　　　D. 转为背景图层

107. 对Photoshop图层蒙版的描述不正确的是_____。

A. 在图层上建立的蒙版只能是白色的

B. 在"图层"调板的某个图层中设定了蒙版后，同时会在"通道"调板中生成一个临时Alpha通道

C. 图层蒙版相当于一个8位灰阶的Alpha通道

D. 当按住Alt键单击"图层"调板中的蒙版缩略图时，图像中就会显示蒙版

108. 画笔的颜色默认情况下与_____色一致。

A. 背景　　　　　　　B. 前景　　　　　　　C. 随机　　　　　　　D. 无法设置

109. 72PPI的含义是_____。

　　A．每厘米的长度上包含72个像素点　　　B．每米的长度上有72个像素点

　　C．每英寸长度包含72个像素点　　　　　D．每寸的长度上有72个像素点

110．运用滤镜功能往往能突出运动主体，增强照片的感染力，_____是对图像沿着指定的方向和强度进行模糊的。

　　A．高斯模糊滤镜　　B．表面模糊滤镜　　C．模糊滤镜　　　D．动感模糊滤镜

二、判断题

1．Photoshop只能存储像素信息，而不能存储矢量数据。　　　　　　　　　　（　　）

2．RGB颜色模式可存放256种颜色。　　　　　　　　　　　　　　　　　　（　　）

3．将彩色图像转换为灰度模式时，Photoshop会扔掉原图像中所有的彩色颜色信息，而只保留像素的灰度级。　　　　　　　　　　　　　　　　　　　　　　　　（　　）

4．Photoshop中将图像转换为位图模式会使图像颜色减少到黑白两种。　　　（　　）

5．Photoshop中在位图模式中为黑色的像素，在灰度模式中经过编辑后可能会是灰色。如果像素足够亮，当转换回位图模式时，它将成为白色。　　　　　　　　　（　　）

6．图像分辨率的单位是dpi。　　　　　　　　　　　　　　　　　　　　　（　　）

7．Photoshop中CMYK和灰度两种模式都能用于印刷。　　　　　　　　　　（　　）

8．Photoshop中HSB模式中H，S，B分别代表色相，饱和度和明度。　　　　（　　）

9．Photoshop中魔棒工具可以"用于所有图层"。　　　　　　　　　　　　　（　　）

10．如果图像是Photoshop软件创建的，直接双击图像图标可打开该文件。　　（　　）

11．使用菜单中的"图像"→"裁剪"命令来裁剪图像，必须先在图像中创建选区，然后执行"图像"→"裁剪"命令，即可将选区外的区域裁剪掉，只保留选区内的图像。

　　　　　　　　　　　　　　　　　　　　　　　　　　　　　　　　　　（　　）

12．背景色橡皮擦工具与橡皮擦工具使用方法基本相似，背景色橡皮擦工具可将颜色擦掉变成没有颜色的透明部分，背景色橡皮擦工具选项栏中的"容差"选项是用来控制擦除颜色的范围。　　　　　　　　　　　　　　　　　　　　　　　　　　（　　）

13．Photoshop中背景层不可以执行滤镜效果。　　　　　　　　　　　　　　（　　）

14．Photoshop中使一个图层成为另一个图层的蒙版情况下，可利用图层和图层之间的"编组"创建特殊效果。　　　　　　　　　　　　　　　　　　　　　　　　　（　　）

15．Photoshop中关闭层可将此层隐藏。　　　　　　　　　　　　　　　　　（　　）

16．Photoshop中双击图层调板中的背景层，并在弹出的对话框中输入图层名称，可把背景层转换为普通的图象图层。　　　　　　　　　　　　　　　　　　　　　（　　）

17．在拼合图层时，会将暂不显示的图层全部删除。　　　　　　　　　　　（　　）

18．选中图层中的缩略图的方式是：将鼠标光标指向图层中心，按下【Alt】键并单击鼠标左键即可。　　　　　　　　　　　　　　　　　　　　　　　　　　　　（　　）

19．背景图层位于所有图层之下，不可与其他图层交换位置。　　　　　　　（　　）

20．调整亮度/对比度，目的是让灰暗的照片更鲜明。　　　　　　　　　　　（　　）

21．Photoshop可以将绘制的直线路径转化为参考线。　　　　　　　　　　　（　　）

22．Photoshop中若将当前使用的钢笔工具切换为选择工具，须按住【Shift】键。（　　）

23．选区和路径都必须是封闭的。　　　　　　　　　　　　　　　　　　　（　　）

24. 通道是一种记录图像颜色、选区的信息载体。　　　　　　　　　　　（　　）

25. 利用快速蒙版制作的只是一个临时选区。　　　　　　　　　　　　（　　）

26. Photoshop中的蒙版层是可以不依附其他图层单独出现在图层面板上的。（　　）

27. 锐化滤镜主要是增加图像中相邻像素的对比度，使图像的细节更清晰。（　　）

28. 三维变换滤镜可使一副平坦的二维图像产生三维效果。　　　　　　（　　）

29. 填充命令只允许对选区的前景色、背景色进行填充，不允许对其他指定颜色、图例进行填充。　　　　　　　　　　　　　　　　　　　　　　　　　　（　　）

30. 选定图像后选择"编辑"→"自由变换"命令，可以对图像进行缩放、拉伸等，但不能是图像旋转、倾斜。　　　　　　　　　　　　　　　　　　　　　　（　　）

31. Photoshop全屏模式无法查看工具栏和面板窗口。　　　　　　　　　（　　）

32. RGB色彩系统只能表达256×256×256=16 777 216种颜色。　　　　（　　）

33. Photoshop吸管工具可以任意指定取样大小，以满足不同情况所需。　（　　）

34. 更改图像分辨率就必定会同时更改图像尺寸。　　　　　　　　　　（　　）

35. 在油漆桶工具中，容差的值越高，作用的范围也相应越大。　　　　（　　）

36. 渐变编辑器的渐变色条上面的色标只能调整透明度，下面的色标只能调整颜色。（　　）

37. 油漆桶工具和魔术橡皮擦工具中的容差概念是一致的。　　　　　　（　　）

38. 仿制图章工具的仿制源最多可以设定10个。　　　　　　　　　　　（　　）

39. 使用矩形选框工具绘制矩形的时候，任何时候按住【Shift】键，都将获得正方形选区。　　　　　　　　　　　　　　　　　　　　　　　　　　　　（　　）

40. 如果想对选区所选择的图像内容进行变换，可以使用选择菜单下的"变换选区"命令。　　　　　　　　　　　　　　　　　　　　　　　　　　　　（　　）

41. 调整快速选择工具的大小和硬度的快捷键，与画笔工具相同。　　　（　　）

42. 选择菜单下的"色彩范围"命令只能针对彩色图片才有效果，不能用于黑白图片。　　　　　　　　　　　　　　　　　　　　　　　　　　　　（　　）

43. 在快速蒙版编辑状态中，不可以使用选区工具（如选框工具、套索工具等）。（　　）

44. Photoshop调整明暗不会影响颜色。　　　　　　　　　　　　　　　（　　）

45. 使用"阴影/高光"命令之前，必须先行制作相应的阴影或高光选区，才可以进行调整。　　　　　　　　　　　　　　　　　　　　　　　　　　　　（　　）

46. 如果图层组和组内的图层均有蒙版，那么只有图层组的蒙版起效，而图层的蒙版无效。　　　　　　　　　　　　　　　　　　　　　　　　　　　　（　　）

47. 图层蒙版是一张灰度图，只有不同程度的灰色（包括黑色、白色），没有其他颜色。　　　　　　　　　　　　　　　　　　　　　　　　　　　　（　　）

48. 如果目前文档中没有选区，那点击图层面板下方第三个"添加图层蒙版"按钮将没有任何效果。　　　　　　　　　　　　　　　　　　　　　　　　　（　　）

49. 处理图像时，不能以为屏幕上看到的图像的尺寸就是图像的实际尺寸，当图像分辨率比显示器分辨率高时，在屏幕上显示的图像比其实际尺寸小；当图像分辨率比显示器分辨率低时，在屏幕上显示的图像比其实际尺寸大；只有当图像分辨率与显示器分辨率一样时，在屏幕上显示的尺寸才与实际尺寸一致。　　　　　　　　（　　）

50. 像素是一个矩形的颜色区域，是位图文件的基本组成单位，许多代表不同颜色的像素组合在一起就构成了一幅图像。　　　　　　　　　　　　　　（　　）

51. 在磁性套索工具的选项栏中，频率是用来控制磁性套索工具生成固定点的多少，频率越高，就能越快地固定选择边缘。　　　　　　　　　　　　　　（　　）

52. 色彩范围命令和魔棒工具能根据颜色来选择图像。　　　　　　　　　（　　）

53. 使用"色阶"命令调整图像时，将输入色阶的"灰色"滑块向右移动，会将图像变暗。　　　　　　　　　　　　　　　　　　　　　　　　　　　（　　）

54. "去色"命令将彩色图像转换为灰度图像，但图像的颜色模式保持不变。（　　）

55. 修复画笔工具在修复图像时需要设置取样点。　　　　　　　　　　　（　　）

56. 使用修补工具修复图像中的像素时，通常应尽量选择较大区域，以获得最佳效果。　　　　　　　　　　　　　　　　　　　　　　　　　　　（　　）

57. 在快速蒙版状态下，被选取的区域显示为原图像，而未被选取的区域上会覆盖一层半透明的颜色。　　　　　　　　　　　　　　　　　　　　　　（　　）

58. 使用通道面板上的"将选区存储为通道"按钮可以创建包含选区的Alpha通道。　　　　　　　　　　　　　　　　　　　　　　　　　　　　（　　）

59. 使用钢笔工具创建曲线时，向曲线的隆起方向拖移第一个方向点，并向相反的方向拖移第二个方向点，可创建"C"形曲线。同时向一个方向拖移两个方向点将创建"S"形曲线。　　　　　　　　　　　　　　　　　　　　　　（　　）

60. 使用形状工具在"形状图层"绘图模式下绘制图像后，"图层"面板会自动增加一个形状图层，形状图层包含定义形状颜色的填充图层以及定义形状轮廓的链接矢量蒙版。　　　　　　　　　　　　　　　　　　　　　　　　　　（　　）

61. Photoshop中选区的存储载体为蒙板，蒙板存储在通道中以Alpha通道形式体现。（　　）

62. Photoshop中复合通道可以被重命名。　　　　　　　　　　　　　　（　　）

63. "液化"滤镜可用于推、拉、旋转、反射、折叠和膨胀图像的任意区域。（　　）

64. "径向模糊"滤镜可模拟前后移动相机或旋转相机所产生的模糊效果。（　　）

65. 进入"消失点"滤镜面板的组合键是【Shift+Ctrl+V】。　　　　　（　　）

66. 背景层不能转化为常规的图像图层。　　　　　　　　　　　　　　　（　　）

67. 对在上面的图层添加调整图层，效果可以作用到下面的所有图层。　（　　）

68. 在使用钢笔工具时按住【Shift】键可以让所绘制的点与上一个点保持45°增量角方向绘制。我们通常用这种方法来绘制水平或者是垂直的线段。　　　　（　　）

69. 钢笔工具主要是用来勾画平滑的曲线，在缩放或者变形之后仍能保持平滑效果。常用于创建复杂物体的轮廓路径。　　　　　　　　　　　　　　（　　）

70. 复合锚点有两条方向线，一边是曲线，一边是直线。　　　　　　　（　　）

71. 海绵工具的作用是改变局部的色彩饱和度，可选择减少饱和度（去色）或增加饱和度（加色）。　　　　　　　　　　　　　　　　　　　　　（　　）

72. 魔术橡皮擦工具用于快速擦除指定区域的图像并将所擦除的图像转化为背景色。（　　）

73. 用多边形套索工具勾画选区的时候按住shift键，选区的线将按30度的增量角方向进行。　　　　　　　　　　　　　　　　　　　　　　　　　（　　）

74. 存储选区可以在"通道"面板中单击"将选区存储为通道"按钮来存储选区。（　　　）

75. 魔棒工具的容差值越大，匹配度越模糊，选择越大范围的颜色区域；容差值越小，匹配度越精准，选择越小范围的颜色区域。（　　　）

76. "套索"工具属于规则选择工具。（　　　）

77. 在Photoshop中许多工具按键右下角都带有一个小的黑三角形符号，它代表该工具已被锁定使用，若想使用此工具应按【Alt】键将其解锁。（　　　）

78. Photoshop中图像分辩率的单位是ppi。（　　　）

79. 修改图像的大小尺寸最好使用使用图像命令——"图像大小"进行图像分辨率和尺寸的调整。（　　　）

80. 在RGB色彩模式中，RGB数值=（0,255，0，）表示红色。（　　　）

81. 油漆桶工具和魔术橡皮擦工具中的容差概念是一致的。（　　　）

82. 选区的闪烁虚线表明了选区的真实边界，是我们判断选区大小和形状的重要参考。（　　　）

83. 对于图像的旋转不能设置旋转的度数。（　　　）

84. 对图像的等比缩放可以借助【Alt+Shift】组合键进行拖动来实现。（　　　）

85. 画笔的圆度、角度以及颜色都可以通过画笔调板来设置。（　　　）

86. 路径和选区可以相互转换。（　　　）

87. 钢笔工具和自由钢笔工具都是创建路径的工具。（　　　）

88. 文字图层栅格化后，就无法对该图层中的文字进行颜色、字号、对齐等属性设置。（　　　）

89. 使用横排文字蒙版工具输入文字后，最终得到的是文字的选区。（　　　）

90. 当一幅彩色图像要转换成黑白图像时，不能直接转换，必须先将图像转换成灰度模式。（　　　）

三、填空题

1. 在众多的图像文件格式中，_____格式是 Photoshop自身的默认格式。

2. Photoshop保存文件时需要保存透明无损压缩文件，则文件格式为_____。

3. Photoshop默认前景色是_____，背景色是_____。

4. 在 Photoshop中，渐变的类型可分为_____、_____、_____、_____和_____。

5. 在 Photoshop中，一个颜色至少具备3个属性：_____、_____和_____。

6. 在 Photoshop中图像放大或缩小的快捷键是_____和_____。

7. _____工具不论在背景层或普通图层上擦除图像时，都会使擦除的区域转变为透明。

8. _____工具可以直接吸取图像区域的颜色，并将颜色设定为前景色。

9. 在画笔状态下，打开画笔预设的快捷键是_____。

10. 使用_____工具可快速移去照片中的污点和其他不理想部分。

11. 打开色阶的快捷键是_____，打开曲线调整的快捷键是_____。

12. 在使用色阶命令调整图像时，选择_____通道是调整图像的明暗，选择_____通道是调整图像的色彩。例如一个RGB图像在选择_____通道时可以通过调整增加图像中的黄色。

13. Photoshop提供了4种文字工具，其中包括：_____、_____、_____、_____。

14. 要创建文字选区需要选择_____工具或_____工具。

15. 在图像处理过程中需要对其中的某部分进行擦除、修改，这时可以使用_____工具，对于背景层来说默认情况是以_____色擦除部分图像。

16. 通道又称色彩通道，在Photoshop中有两个用途：存储_____和存储_____。

17. 选取矩形区域，按住_____键在图像中拖动鼠标将选出一个正方形选区，按住_____键将以起点为中心创建一个选区。

18. 参考线是人为地在图像上设置的线条，可以移动、删除或锁定，不能_____，对原图_____影响。

19. 要使某图层与其下面的图层合并可按快捷键_____。

20. Photoshop 的当前状态为全屏显示，而且未显示工具箱及任何调板，在此情况下，先按_____键，再按_____键，能够使其恢复为显示工具箱、调板及标题条的正常工作显示状态。

21. 如果想在现有选择区域的基础上增加选择区域，应按住_____键。

22. 在Photoshop中一个文件最终需要印刷，其分辨率应设置在_____像素/英寸，图像色彩方式为_____；一个文件最终需要在网络上观看，其分辨率应设置在_____像素/英寸，图像色彩方式为_____。

23. Photoshop中在使用矩形选框工具的情况下，按住_____键可以创建一个以落点为中心的正方形的选区。

24. Photoshop中在历史记录调板中，删除某一项历史状态时，如果要使其后的历史状态不被删除，应该在"历史记录选项"对话框中选择_____复选框。

25. Photoshop中按住_____键可保证椭圆选框工具绘出的是正圆形。

26. 在Photoshop中将前景色和背景色恢复为默认颜色的快捷键是_____。

27. 在Photoshop中使用仿制图章工具按住_____键并单击可以确定取样点。

28. 在Photoshop中使用_____命令可以修改图像的分辨率。

29. 在Photoshop中双击工具箱中的_____可以将图像100%显示。

30. 在编辑图层蒙版时，使用_____在蒙版上涂沫，会将当前图层变得透明。

31. 在Photoshop中反向选择的快捷键是_____。

32. 在Photoshop中取消选择的快捷键是_____。

33. _____是图层的组合，主要用于组织和管理图层并将这些图层作为一个对象进行移动、复制等。

34. 图层混合模式中的_____模式可修正曝光过度的照片。

35. 图层的不透明度决定它覆盖或显示下面图层的程度，不透明度为_____的图层是完全透明的，可完全显示下面图层的内容。

36. 图层混合模式中的_____模式对颜色进行正片叠底或过滤，具体取决于基色，图案或颜色在现有像素上叠加，同时保留基色的明暗对比，不替换基色，但基色与混合色相混以反映原色的亮度或暗度。

37. 图层混合模式中的_____模式使颜色变暗或变亮，具体取决于混合色。如果混合色（光源）比 50% 灰色亮，则图像变亮，就像被减淡了一样。如果混合色（光源）比

50% 灰色暗，则图像变暗，就像被加深了一样。

38. 图层混合模式中的_____模式可修正曝光不足的照片。

39. 在通道调板中按住_____键的同时单击垃圾桶图标，就可直接将选中的通道删除。

40. 欲使两个 Alpha 通道载入的选区合并到一起，在执行命令的时候须按住_____键。

41. 在 Photoshop 中有_____通道、_____通道、_____通道。

42. 执行上次滤镜操作的快捷键是_____。

43. 进入"镜头校正滤镜"面板快捷键是_____。

44. 利用_____滤镜可以精确地从背景中将具有纤细边缘的对象选择出来。

45. 可以快速弹出"图层"面板的快捷键是_____。

46. 图层蒙版中_____色的部分被显示。

47. 用钢笔工具在画面中单击鼠标左键拖拽，可绘制出有两条方向线的锚点，它们之间的线段都是曲线。这种锚点称为_____锚点。

48. 曲线型锚点又分为两种：_____、_____。

49. 添加锚点的方法是用钢笔工具组中_____工具，将光标移动到要添加锚点的路径上，当其变为钢笔符号边上有+号就可以添加一个锚点了。

50. 颜色替换工具可以使用特定颜色的_____、_____、_____等对指定区域的颜色进行替换，快速调整图像中指定的颜色以获取多样的色调效果。

51. 背景橡皮擦工具可自动识别并清除背景，擦除过的图像区域为_____区域。

52. 仿制图章工具定义采样点的方法是按住_____在图像某一处单击，然后将鼠标放置到需要复制的地方拖动绘制，就会看到采样点处的像素被复印出来了。

53. 在 Photoshop 中，使用椭圆选框工具，配合_____键可以绘制圆形选区。

54. 用矩形选框工具创建选区时，按住键盘中的_____键的同时拖动鼠标，可以在原有选区的基础上，增加一个选择区域。

55. 当前选择了矩形选框工具时，为方便操作，可以运用键盘中的_____键，实现矩形选框工具和椭圆选框工具间的切换。

56. 渐变工具中_____渐变工具是从起点两侧进行对称性的颜色渐变。

57. 在色阶对话框中将黑色的滑块向右拖动，会使图像_____。

58. 在使用魔棒工具时，容差值越大，则选取的范围_____。

59. 将选中的图层（背景层除外）置于顶层的快捷键是_____。

60. 将笔刷直径变大的快捷键是_____。

61. 光照效果和镜头光晕只能在_____彩色模式下使用。

62. _____滤镜可以通过转换像素和通过查找并增加图像的对比度在选区中生成绘画或印象派的效果。

四、问答题

1. 如何在不改变图像尺寸的同时改变图像分辨率？

2. 如何使用"吸管工具"选择现有颜色？

3. 如何对局部图像进行变形？

4. 什么是内容感知型变换？

5. 如何旋转画布与视图？

6. 在一幅图像中创建了选区后，要想将其载入到其他图像中使用，需要执行哪些操作？

7. 对选区执行"存储选区"命令后，选区保存在什么位置？

8. 如何直接创建文字选区？

9. 什么是选区？使用什么工具可以创建不规则的选区？

10. 如何为现有的图层创建图层组？

11. 为什么要合并图层？

12. 什么是智能对象？如何将普通图像转换为智能对象？

13. 简述怎样在文档中创建段落文本。

14. 如何将文字转换为形状路径？

15. 简述混合模式的原理。

16. 在哪些工具或对话框中能够设置"混合模式"选项？

17. 如何为图像添加图层样式效果？在添加图层样式后，如何为样式添加其他效果？

18. "污点修复画笔工具"与"修复画笔工具"有什么区别？

19. 如何自定义画笔？

20. 简述"渐变工具"与"油漆桶工具"的区别。

21. 渐变填充包括哪几种类型？

22. 什么是路径？如何直接创建曲线路径？

23. 如何对路径进行不同效果的描边？

24. 蒙版包括哪几种类型，其每种类型的特点是什么？

25. 如何调整图层混合模式？

26. 什么是Alpha 通道？

27. 简要说明智能滤镜中的功能。

28. 如何改善模糊照片的清晰度？

29. 什么滤镜命令是专门用来调整照片效果的？

30. 如何提高照片的亮度？

第 6 章　Web 前端网页设计

一、单选题

1. 网站内的网页通过_____方式连接在一起。
   A．超级链接　　　　　　　　　　B．动态
   C．网址系统　　　　　　　　　　D．存放到指定路径的

2. 构成网页的常用元素一般有标题、文字、图片、超链接、表格和表单等，但不包括_____。
   A．时间　　　　B．背景　　　　C．内容　　　　D．网页浏览软件

3. 如下软件中_____专门用于网页制作。
   A．WebStorm 与 Dreamweaver CC　　　B．Word 与 Excel
   C．Windows 8 与 Windows 7　　　　　D．记事本与写字板

4. 网站建设总的来说要经历 4 个步骤：网站的规划设计、站点建设、_____和网站的管

理与维护。

　　　　A．网页检测　　　　　　B．网站发布　　　　　　C．信息收集　　　　　　D．数据源建立

5．使用 FTP 上传网页通常采用 3 种不同的方式。这 3 种方式不包含_____。

　　　　A．使用 FTP 软件上传，比如用 CuteFTP　　B．使用浏览器上传

　　　　C．使用超级链接上传　　　　　　　　　　　D．使用网页制作工具上传

6．超文本标记语言是指_____。

　　　　A．Web　　　　　　　　B．HTML　　　　　　C．HTTP　　　　　　D．WWW

7．关于 HTML，以下说法错误的是_____。

　　　　A．HTML 是超文本标记语言

　　　　B．HTML 是标准的 ASCII 文件

　　　　C．HTML 的标记中的英文字母及其内容中的字母均不区分大小写

　　　　D．HTML 的指令用尖括号 <> 括起来

8．表单是网站用来与浏览者_____的一种界面。

　　　　A．标签　　　　　　　　B．交互　　　　　　　C．编辑器　　　　　　D．差错控制单元

9．网站测试的目的是_____。

　　　　A．为了保证在网站发布之后所有的用户都有访问权

　　　　B．为了检查网页内容是否健康

　　　　C．为了统计网站打开需要的时间

　　　　D．为了保证在网站发布之后所有的用户都能正常地浏览网页和使用所提供的服务

10．HTML 文件不可能被_____应用程序进行编辑。

　　　　A．Dreamweaver CC　　　　　　　　　　　B．记事本

　　　　C．写字板　　　　　　　　　　　　　　　　D．画图

11．每个标准的 HTML 文档都应当从一个_____说明开始，如 <!doctype html>。

　　　　A．HTML 类型　　　　B．标签　　　　　　C．文档类型　　　　D．文本

12．在网页制作中标签 <a href="""></a> 的作用是_____。

　　　　A．改变字号的大小　　　　　　　　　　　　B．改变字体的颜色

　　　　C．实现超链接　　　　　　　　　　　　　　D．定义超文本的字体

13．在 HTML 中，下面_____不是于 HTML 文档的标签。

　　　　A．<stye> </stye>　　　　　　　　　　　　B．<head> </head>

　　　　C．<tr> </tr>　　　　　　　　　　　　　　D．<strong> </strong>

14．_____是创建本地虚拟网站时所涉及不到的。

　　　　A．上传网站　　　　B．创建空白文件　　　C．创建空白文件夹　　D．定义新站点

15．换段落标签是_____。

　　　　A．<p>　　　　　　　　B．<font>　　　　　　C．
　　　　　　　D．<body>

16．换行的标签是_____。

　　　　A．<h1> </h1>　　　　B．<pre> </pre>　　　C．<p> </p>　　　　D．

17．动态网页的扩展名一般根据程序设计语言的不同而不同。下面_____不是动态网页的扩展名。

A．.htm　　　　　B．.asp　　　　　C．.php　　　　　D．.cgi

18. 以下_____不是网页文件的扩展名。

A．.aspx　　　　B．.peri　　　　C．.jsp　　　　　D．.perl

19. 下列选项中，全是网页扩展名的是_____。

A．.htm .html .asp .zip .php　　　　　B．.htm .html .asp .jsp .vb

C．.htm .html .asp .jsp .php　　　　　D．.htm .html .c .jsp .php

20. HTML 文件采用标准_____文件结构存储。

A．Binary　　　B．ASCII　　　C．DOC　　　D．PDF

21. 框架集对应的标签是_____。

A．<frameset>　　B．<iframeset>　　C．<frame>　　　D．<iframe>

22. 下面标签_____不是成对出现的。

A．
　　　　B．<title>　　　C．<body>　　　D．<html>

23. <img src="name" align="left"> 的作用是_____。

A．图像靠近文本底部左对齐　　　　　B．图像靠近文本顶部左对齐

C．图像靠左对齐　　　　　　　　　　D．文本相对图像左对齐

24. Flash CC 是一款功能强大的交互式_____，能够制作出包含矢量图、位图、音频、视频、动画、交互式动画等内容的站点。

A．图形制作软件　　　　　　　　　　B．矢量图形制作软件

C．音频视频制作软件　　　　　　　　D．矢量动画制作软件

25. HTML 是在普通文本文件的基础上，加上一系列标签来描述文本文件的格式、颜色，再配上图像、声音、动画和视频等，经过_____解释后形成精彩的网页画面。

A．浏览器　　　B．IE 浏览器　　　C．360 浏览器　　　D．QQ 浏览器

26. HTML 文档内容全部包含在_____标签对之间。

A．<body> </body> B．<title> </title>　C．<head> </head> D．<html> </html>

27. <script> 标签用来在页面中加入_____。

A．脚本 DOC　　　B．TXT　　　　C．脚本说明　　　D．脚本程序

28. <div> </div> 标签对把文档分割成独立的、不同的部分，常用来设置字、图、表格等的摆放位置。它有_____等属性。

A．id、class　　　B．font　　　　C．left　　　　D．right

29. 书写网页时，<html> 位于 <!doctype html>_____。

A．中间　　　　B．左边　　　　C．之前　　　　D．之后

30. 网页中为了实现不同内容之间的分隔，可以通过水平线标签来实现。默认情况下水平线的对齐方式为_____。

A．居中　　　　B．右对齐　　　　C．左对齐　　　　D．null

31. 默认情况下，水平线标签 <hr> 显示时，水平线宽度为浏览器窗口的_____。

A．95%　　　　B．90%　　　　C．85%　　　　D．100%

32. HTML 中 <i> 标签实现文本倾斜显示，<em> 标签实现文本_____并且倾斜显示。

A．加粗　　　　B．加强调　　　　C．加下画线　　　　D．加宽

33. 标签 <img src= 图像 url>，格式中 src 属性用于指定图像文件的_____和文件名。

    A．类型　　　　　　B．宽度　　　　　　C．路径　　　　　　D．大小

34. 表单是网页上用于输入信息的区域，它的主要功能是收集用户信息，并将这些信息传递给_____，实现网页与用户的沟通。

    A．网页　　　　　　B．浏览器　　　　　　C．管理网页的程序员　D．后台服务器

35. 将表格的单元格背景色设置为 #F5307F，则在浏览器中显示此表格时，表格的单元格背景色与_____颜色最接近。

    A．#F5060D　　　　B．#ED844E　　　　C．#F4266D　　　　D．#EB4BDB

36. 响应式网页设计的理念是_____，这个概念可以说是为移动互联网而生，以适应不同的移动上网设备终端。

    A．多个终端设计多个网站　　　　　　B．一个终端设计多个网站

    C．多个终端设计一个网站　　　　　　D．一个终端设计一个网站

37. 在网页中要与用户交互并向服务器传输数据时则需用到表单，一个网页可以包含任意数量的表单。定义表单需要使用_____标签。

    A．<target >　　　　B．<table>　　　　C．<form>　　　　D．<action >

38. 可以通过行内样式、内嵌样式、链接样式或_____将 CSS 应用到 HTML 网页中。

    A．行外样式　　　　B．列内样式　　　　C．导入样式　　　　D．导出样式

39. CSS 选择器主要分为三大类：基本选择器、复合选择器和_____。

    A．简单选择器　　　B．列选择器　　　　C．行选择器　　　　D．伪选择器

40. CSS 常用来表示颜色的方式有：命名颜色、RGB 颜色、_____、网络安全色、RGBA、HSL 和 HSLA。

    A．二进制颜色　　　B．八进制颜色　　　C．十进制颜色　　　D．十六进制颜色

41. 打开 Dreamweaver CC 后，如果没有出现"属性"面板，可单击菜单栏"_____"→"属性"命令。

    A．插入　　　　　　B．工具　　　　　　C．编辑　　　　　　D．窗口

42. 在站点中创建一个新的网页文档，其默认扩展名为_____。

    A．html　　　　　　B．DOC　　　　　　C．TXT　　　　　　D．DOCX

43. 在设计视图中，如果不想在段落之间有空行，可以通过按_____键实现。

    A．【Enter】　　　　B．【Ctrl+Enter】　　C．【Shift+Enter】　　D．【Alt+Enter】

44. 在Dreamweaver CC 中，网页中有图片（hgj.gif），该网页的地址从 C:\my document\123\ 变为 D:\123\ my document\123\，在不改变该网页的地址设置情况下，仍然能正确在浏览器中浏览到该图片的地址设置是_____。

    A．C:\my document\123\hgj.gif　　　　　B．\123\hgj.gif

    C．\my document\123\hgj.gif　　　　　　D．hgj.gif

45. 外部式样式表文件的扩展名为_____。

    A．js　　　　　　　B．div　　　　　　　C．htm　　　　　　　D．css

46. 下面不属于行为的是_____。

    A．检查浏览器　　　B．添加表单　　　　C．控制 Flash　　　　D．控制时间轴

47. 在 Dreamweaver CC 中，_____不是图像的属性。

   A．对齐　　　　　B．超级链接　　　　C．背景颜色　　　　D．宽和高

48. 在_____文本框中输入数据后，数据以"*"显示。

   A．密码　　　　　B．单行　　　　　　C．多行　　　　　　D．数值

49. 设置超链接的属性时，目标设置为 _TOP 时，表示_____。

   A．在新窗口中打开网页　　　　　　　B．会在当前框架打开链接的内容

   C．会在当前框架的父框架中打开链接的内容

   D．删除所有框架，在整个浏览器窗口中打开网页

50. 下面关于绝对地址与相对地址的说法错误的是_____。

   A．如果图像要经常进行位置改动，推荐使用绝对地址

   B．在 HTML 文档中插入图像只是写入一个链接地址，不是真的把图像插入文档中

   C．使用相对地址时，图像的链接起点是此 HTML 文档所在的文件夹

   D．使用绝对地址时，图像的位置是相对于 Web 的根目录

51. 在 Dreamweaver CC 的实时视图中，使用_____键可以快速启动主浏览器预览网页。

   A．【F1】　　　　B．【F9】　　　　　C．【F12】　　　　D．【Esc】

52. 在 Dreamweaver CC 中，下面的步骤不会存入历史记录的是_____。

   A．在建立的文档窗口中输入文字　　　B．在建立的文档窗口中输入图像

   C．在建立的文档窗口中输入超链接　　D．在其他文件窗口中的操作

53. 以下不属于表单对象的是_____。

   A．锚记　　　　　B．复选框　　　　　C．颜色　　　　　　D．日期时间

54. "a:hover"表示鼠标为_____。

   A．访问超链接以前　B．访问超链接以后　C．经过　　　　　　D．未经过

55. 表示空链接可采用_____。

   A．null　　　　　B．#　　　　　　　　C．del　　　　　　D．空格

56. 超链接由源端点和_____。

   A．图像端点　　　B．文本端点　　　　C．脚本端点　　　　D．目标端点

57. 在创建超链接时，如果采用基于根目录的路径，则必须包括_____内容。

   A．文件名　　　　B．/　　　　　　　　C．服务器名　　　　D．热区

58. 设置文本属性可通过"_____"面板来设置。

   A．资源　　　　　B．属性　　　　　　C．行为　　　　　　D．插入

59. 以下_____不是 Dreamweaver CC 在编辑网页时常用的视图。

   A．实时视图　　　B．浏览视图　　　　C．设计视图　　　　D．拆分视图

60. "文件"面板主要功能就是_____。

   A．管理网页　　　B．管理网站　　　　C．管理文件　　　　D．管理图像

61. 单击"窗口"菜单，可根据需要选择显示或隐藏面板，以下_____不是 Dreamweaver CC 的面板。

   A．"资源"面板　　B．"图像"面板　　C．"行为"面板　　D．"插入"面板

62. 每个站点中，主页文件是必不可少的，一般命名为 index.html、index.htm、_____、

default.htm、default.html 或 default.asp 等。

    A．index.cgi   B．default.cgi   C．index.asp   D．index.txt

63．建立一个表格后，在网页代码中，<tbody></tbody> 标签标识_____。

    A．表格主体   B．表格的标题   C．表格的单元格   D．表格体

64．通过使用 CSS 样式设置页面的格式，可将页面的内容与表现形式_____，而且易于实现一个网站整体风格的一致性。

    A．融合   B．分离   C．统一   D．交叉

65．DIV+CSS 布局的基本构造块是标签_____。

    A．<div+css>   B．<css>   C．<table>   D．<div>

66．在 Dreamweaver CC 中，可以对文本进行的基本设置操作，不包括设置_____。

    A．字体   B．字体样式   C．字体代码   D．字体颜色

67．设置段落与格式的对齐方式操作，不包括_____。

    A．居中对齐   B．左对齐   C．分散对齐   D．右对齐

68．网页常用的 PNG 图像支持多种颜色数目，不包括_____位。

    A．16   B．8   C．128   D．32

69．_____是表格的基本单位，也是一个独立的文本输入区域，可以输入文字和图形，并可单独进行排版和编辑。

    A．表格行高   B．表格列宽   C．单元格   D．表格主体

70．一个表单由两个部分构成，一个是用来收集数据的表单对象，另一个是用来处理表单数据的_____。

    A．表单控件   B．表单主体   C．应用程序   D．表单按钮

71．在 Dreamweaver CC 中创建表格时，以下不一定用到的标签是_____。

    A．<table>   B．<tr>   C．<td>   D．<label>

72．使用超链接指向的远程文件，不一定都可以在浏览器中打开。下面列出的文件类型中，不能在浏览器中直接打开的是_____。

    A．.gif 文件   B．.rar 文件   C．.jpg 文件   D．.htm 文件

73．CSS 样式的基本语法不包括_____。

    A．表格（Table）   B．选择器（Selector）
    C．属性（Property）   D．属性值（Value）

74．用于定义表现形式的 CSS 规则一般存放在另一个文件中或 HTML 文档的_____。

    A．中间   B．<body> 标签中   C．<title> 标签中   D．文件头部分

75．在 CSS 样式中，id 名称使用_____进行标识。

    A．"#"   B．"."   C．"$"   D．"&"

76．下列的HTML中_____可以产生复选框。

    A．<checkbox>   B．<input type="checkbox">
    C．<check>   D．<input type="check">

77．下列的HTML中，_____可以产生超链接。

    A．<a href="https://www.w3schools.com">W3Schools</a>

    B．<a>https://www.w3schools.com</a>

　　C．<a url="https://www.w3schools.com">W3Schools.com</a>

　　D．<a>https://www.w3schools.com</a>

78．HTML中，用_____可以将段落内容在页面中居中。

　　A．type=middle　　　B．align=center　　　C．type=center　　　D．place=middle

79．以下描述将图像作为链接的形式正确的是_____。

　　A．＜a href="https://www.z.com" ＞＜img src ="logo.gif'＞

　　B．＜a href="https://www.z.com"＞＜img src="logo.gif"＞＜/a＞

　　C．＜a href="https://www.z.com" img src ="logo.gif"＞＜/a＞

　　D．＜a href="https://www.z.com"＞＜/a＞＜img src ="logo.gif"＞

80．想要在页面中加入一个分区，可以使用HTML标签_____来描述。

　　A．<span>　　　　B．<level>　　　　C．<div>　　　　D．<floor>

81．下列代码能够定义所有p标签内文字加粗的是_____。

　　A．<p style="text-size:bold">　　　　B．p {text-size:bold}

　　C．<p style="font-size:bold">　　　　D．p {font-weight:bold}

82．下列方式是用类选择器定义样式的是_____。

　　A．#two{color: red}　　　　B．p{color: red}

　　C．one{color: red}　　　　D．p,h1{color: red}

83．在下列的 HTML 中，最大的标题是_____。

　　A．<title>　　　　B．<head>　　　　C．<h6>　　　　D．<h1>

84．在 HTML 中，_____标签产生带有圆点符号的列表。

　　A．<ul>　　　　B．<ol>　　　　C．<list>　　　　D．<dl>

85．以下不属于组成HTML文件基本结构标记的是_____。

　　A．<html></html>　　　　B．<head></head>

　　C．<body></body>　　　　D．<form></form>

86．分析下面的HTML代码段，该页面在浏览器中的显示效果为_____。

```
<html>
<body>
<marquee direction="right">Welcome!</marquee>
</body>
</html>
```

　　A．从左向右滚动显示"Welcome!"　　　B．从右向左滚动显示"Welcome!"

　　C．从上向下滚动显示"Welcome!"　　　D．从下向上滚动显示"Welcome!"

87．在HTML中，下列标签中的_____标签在标记的位置强制换行。

　　A．<H1>　　　　B．<P>　　　　C．
　　　　D．<HR>

88．在HTML中，_____可以在网页上通过链接直接打开客户端的发送邮件工具发送电子邮件。

　　A．<A href="telnet:zhangming@aptech.com">发送反馈信息</A>

　　B．<A href="mail:zhangming@aptech.com">发送反馈信息</A>

　　C．<A href="ftp:zhangming@aptech.com">发送反馈信息</A>

  D．<A href="mailto:zhangming@aptech.com">发送反馈信息</A>

89．在HTML语言中，设置表格中文字与边框距离的标签是_____。

  A．<TABLE border=2>   B．<TABLE cellspacing=2>

  C．<TABLE cellpadding=2>   D．<TABLE width=2>

90．若将Dreamweaver中2个横向相邻的单元格合并，则两单元格中文字会_____。

  A．文字合并   B．左单元格文字丢失

  C．右单元格文字丢失   D．系统出错

91．在HTML中，使用<IMG>标签插入图像，下列关于<IMG>的src属性的说法中，正确的是_____。

  A．用来设置图片文件的格式   B．用来设置图片文件所在的位置

  C．用来设置图片周围显示的文字 D．用来设置鼠标指向图片时显示的文字

92．以下标记符中，用于设置页面标题的是_____。

  A．<title>   B．<caption>   C．<head>   D．<html>

93．在HTML中，设置背景颜色为红色的代码是_____。

  A．<body bgcolor=red>   B．<body text=red>

  C．<body color=red>   D．<body bg=red>

94．Dreamweaver CC中换行的快捷键是_____。

  A．【Enter】   B．【Ctrl + Enter】 C．【Shift + Enter】 D．【Alt + Enter】

95．Dreamweaver CC中连续键入空格的快捷键是_____。

  A．【Ctrl + Spacer】   B．【Shift + Spacer】

  C．【Spacer】   D．【Ctrl + Shift + Space】

96．以下属于静态网页的是_____。

  A．index.jsp   B．index.php   C．index.html   D．index.asp

97．调出CSS设计面板使用的快捷键是_____。

  A．【Shift + F11】 B．【Shift + F1】 C．【Shift + F5】 D．【Shift + F4】

98．如果要为一段文字添加一个电子邮件链接，可以执行的操作是_____。

  A．选中文字，在属性面板的"链接"栏内直接输入email:电子邮件地址

  B．无法为文字添加电子邮件链接

  C．选中文字，在属性面板的"链接"栏内直接输入tomail:电子邮件地址

  D．选中文字，在属性面板的"链接"栏内直接输入mailto:电子邮件地址

99．以下样式定义可以使元素进行浮动布局的是_____。

  A．float:left;   B．style:float;   C．layout:float;   D．display:float;

100．在盒子模型中，内边距的属性名称是_____。

  A．border   B．padding   C．weight   D．margin

101．有内部样式表定义如下：

```
<style type="text/css">
    p{color:red;font-size:15px;}
</style>
```

同时，有 HTML 代码如下所示：

```
<p style="background-color:gray;color:blue;">p text</p>
```

段落中的文本"p text"的最终显示效果是＿＿＿＿。

  A．蓝色文本，字体大小为 15px，背景色为灰色

  B．蓝色文本，字体大小为 15px，无背景色

  C．蓝色文本，默认字体大小，背景色为灰色

  D．红色文本，字体大小为 15px，无背景色

102．下列代码段是某页面的样式设置：

```
<style type="text/css">
.blue { color:blue }
.red { color:red }
</style>
```

现要求将页面中的第一个标题设置为红色，第一个段落设置为蓝色。下列代码中正确的是＿＿＿＿。

  A．< h1 color:red>第一个标题<h1>　　B．<h1 class="red">第一个标题<h1>

     <p color:blue>第一个段落　　　　　　<p class="blue">第一个段落

  C．< h1 id="red">第一个标题<h1>　　D．< h1 color="red">第一个标题<h1>

     <p id="blue">第一个段落　　　　　　<p color="blue">第一个段落

103．关于 float 描述错误的是＿＿＿＿。

  A．可以设置为 float:left　　　　　　B．可以设置为 float:right

  C．可以设置为 float:center　　　　　D．可以设置为 float:none

104．HTML 中<body text=red>表示＿＿＿＿。

  A．正在点击文字的色彩是红色　　　　B．可链接文字的色彩是红色

  C．非可链接文字的色彩是红色　　　　D．已链接文字的色彩是红色

105．下列表示，可链接文字的颜色是黑色的是＿＿＿＿。

  A．<body text=black>　　　　　　　B．<body vlink=black>

  C．<body color=black>　　　　　　　D．<body link=black>

106．下列表示，已经点击（访问）过的可链接文字的的颜色是红色的是＿＿＿＿。

  A．<body alink = red >　　　　　　B．<body vlink= red >

  C．<body blink = red >　　　　　　D．<body link= red >

107．表示新开一个窗口打开超链接的代码是＿＿＿＿。

  A．<A href="http://www.ifeng.com/"target=_blank>凤凰网</A>

  B．<A href="http://www.ifeng.com/"target=_new>凤凰网</A>

  C．<A href="http://www.ifeng.com/"target=_self>凤凰网</A>

  D．<A href="http://www.ifeng.com/"target=_parent >凤凰网</A>

108．表示在本窗口打开超链接的代码是＿＿＿＿。

  A．<A href="http://www.ifeng.com/"target=_blank>凤凰网</A>

  B．<A href="http://www.ifeng.com/"target=_new>凤凰网</A>

    C.　<A href="http://www.ifeng.com/"target=_self>凤凰网</A>

    D.　<A href="http://www.ifeng.com/"target=_parent>凤凰网</A>

109. 设置表格的边框为 1 的 HTML 代码是_____。

    A.　<table cellspacing =1>　　　　　　B.　<table border=1>

    C.　<table cellpadding =1>　　　　　　D.　<table height=1>

110. 设置表格的单元格间距为 0 的 HTML 代码是_____。

    A.　<table cellspacing =0>　　　　　　B.　<table border=0>

    C.　<table cellpadding =0>　　　　　　D.　<table height=0>

111. 设置表格的宽度为 600 的 HTML 代码是_____。

    A.　<table vspace=600 hspace=500>　　　B.　<table height=600 width=500>

    C.　<table vspacet=500 hspace=600>　　　D.　<table height=500 width=600>

112. 设置表格边框色彩为红色的 HTML 代码是_____。

    A.　<table color=red>　　　　　　　　B.　<th bordercolor=red>

    C.　<table bordercolor=red>　　　　　　D.　<th color=red>

113. 下面标签中不能放在 head 标签内的是_____。

    A.　title 标签　　　B.　body 标签　　　C.　style 标签　　　D.　script 标签

114. 如果网页中出现乱码，我们一般使用_____来解决。

    A.　<meta charset="utf-8" />　　　　　B.　<style type="text/css"></style>

    C.　<script></script>

    D.　<link type="text/css" rel="stylesheet" href="css/index.css">

115. 下面选项中，属于 HTML 正确的注释方式是_____。

    A.　// 注释内容　　　　　　　　　　B.　/* 注释内容 */

    C.　<!-- 注释内容 -->　　　　　　　　D.　#注释内容

116. 如果想要实现粗体效果，可以使用_____标签来实现。

    A.　<strong></strong>　　　　　　　　B.　<em></em>

    C.　　　　　　　　　　　　D.　

117. 最合理的定义文章标题的方法是_____。

    A.　<div> 文章标题 </div>　　　　　　B.　<p><b> 文章标题 </b></p>

    C.　<title> 文章标题 </title>　　　　　D.　<strong> 文章标题 </strong>

118. CSS 可以使用_____属性来实现图片水平居中。

    A.　text-indent　　　B.　text-align　　　C.　vertical-align　　　D.　float

119. 下面说法中，正确的是_____。

    A.　当鼠标移到图片上时，就会显示 img 标签 alt 属性中的文字。

    B.　src 是 img 标签必不可少的属性，只有定义它之后，图片才可以显示出来。

    C.　在实际开发中常用的是绝对路径，很少用到相对路径。

    D.　如果想要显示一张动画图片，可以使用 .png 格式来实现

120. 想要使得超链接以新窗口的方式打开网页，需要定义 target 属性值为_____。

    A.　_self　　　B.　_blank　　　C.　_parent　　　D.　_top

121. CSS 使用_____属性来定义段落的行高。

    A. height　　　　　B. align-height　　　C. line-height　　　D. min-height

122. CSS 使用_____属性来定义字体下划线、删除线以及顶划线效果。

    A. text-decoration　B. text-indent　　　C. text-transform　　D. text-align

123. 下面选项中，CSS 正确的语法结构是_____。

    A. body:color=black　　　　　　　　B. {body;color:black}

    C. {body:color=black;}　　　　　　　D. body{color:black;}

124. 下面有关 id 和 class 的说法中，正确的是_____。

    A. id 是唯一的，不同页面中不允许出现相同的 id

    B. id 就像你的名字，class 就像你的身份证号

    C. 同一个页面中，不允许出现两个相同的 class

    D. 可以为不同的元素设置相同的 class 来为它们定义相同的 CSS 样式

125. 如果想要定义某一个元素的右边框，宽度为 1px，外观为实线，颜色为红色，正确写法应该是_____。

    A. border:1px solid red;　　　　　　B. border:1px dashed red;

    C. border-right:1px solid red;　　　　D. border-right:1px dashed red;

126. 如果想要去掉某一个元素的上边框，下面写法中不正确的是_____。

    A. border-top:not;　　　　　　　　B.border-top:none;

    C. border-top:0;　　　　　　　　　D.border-top:0px;

127. CSS 可以使用_____属性来设置文本颜色。

    A. color　　　　　　　　　　　　　B. background-color

    C. text-color　　　　　　　　　　　D. font-color

128. 如果一个 div 元素的上内边距和下内边距都是 20px，左内边距是 30px，右内边距是 40px，正确的写法是_____。

    A. padding:20px 40px 30px;　　　　　B. padding:20px 40px 20px 30px;

    C. padding:20px 30px 40px;　　　　　D. padding:40px 20px 30px 20px;

129. 下面属性用于定义外边距的是_____。

    A. content　　　　　B. padding　　　　　C. border　　　　　D. margin

130. 对于 margin:20 px 40 px;，下面说法正确的是_____。

    A. margin-top 是 20 px，margin-right 是 40 px，margin-bottom 和 margin-left 都是 0

    B. margin-top 是 20 px，margin-bottom 是 40 px，margin-left 和 margin-right 都是 0

    C. margin-top 和 margin-bottom 都是 20px，margin-left 和 margin-right 都是 40 px

    D. margin-top 和 margin-bottom 都是 40px，margin-left 和 margin-right 都是 20 px

二、判断题

1. 在 Dreamweaver CC 中，可以使用font-size 属性设置文本的大小　　　　　　　（　　　）

2. 在 Dreamweaver CC 中，不能使用line-height属性控制行高　　　　　　　　（　　　）

3. 在 Dreamweaver CC 中，可以使用 font-family 属性定义网页文本的字体　　　（　　　）

4. CSS是Cascading Style Sheets（层叠样式表单）的简称，它可以美化网页，实现页面布

局，控制整个网站页面的风格。 （　　）

5. 在 HTML中，<h1></h1>标记是段落标记。 （　　）

6. HTML、CSS、JavaScript是Web前端开发的要素。 （　　）

7. 网站是各种各样网页的集合，网页可以分为静态网页与动态网页，有动态效果的网页就是动态网页。 （　　）

8. 在HTML标记语言中，图像由<img/>标签定义。 （　　）

9. <a href="https://www.163.com/">访问网易</a>，点击这个超链接会把用户带到163网站的首页。 （　　）

10. 利用HTML表单可以将用户输入的用户名和密码提交到服务器。 （　　）

11. <input type="checkbox"> 定义了提交按钮。 （　　）

12. <input type="radio"> 标签定义了表单单选框选项。 （　　）

13. <ol></ol>标签是无序列表标签。 （　　）

14. 网页的页尾称为footer，用来放置版权申明、使用协议等，也可放一些导航链接。 （　　）

15. 网页的页头称为header。标志logo、登陆条loginbar、页面横幅广告banner、菜单栏nav（navigation bar）等内容都可以放在页头。 （　　）

16. 在CSS盒子模型中，边框（border）对应包装盒的纸壳，具有厚度，盒子的边框宽度不能调整。 （　　）

17. 在CSS盒子模型中，填充（padding）位于边框内部，是内容与边框的距离。 （　　）

18. 在CSS盒子模型中，用来控制盒子的内边距的属性是width。 （　　）

19. 在CSS盒子模型中，用来控制盒子的外边距的属性是margin。 （　　）

20. 在CSS盒子模型中，用来控制盒子的边框的属性是padding。 （　　）

21. div标签不能容纳段落、标题、表格、图片，乃至章节、摘要和备注等各种HTML元素。 （　　）

22. CSS中的float 属性定义网页元素在哪个方向浮动，如果希望网页元素向左浮动，应该使用left属性值。 （　　）

23. 去掉超链接的下划线需要使用CSS样式的text-decoration:none属性。 （　　）

24. 隐藏列表标签的列表符号的CSS代码是list-style-type: none。 （　　）

25. 在网页制作过程中，可以使用CSS的float属性实现图文混排效果。 （　　）

26. HTML标记符对字母大小写敏感。 （　　）

27. 使用CSS样式#left{width:200px; background:#00A2CA; }可以定义导航区域的宽度及背景。 （　　）

28. 所有的HTML标记符都包括开始标记符和结束标记符。 （　　）

29. HTML的段落标记<p>必须成对出现。 （　　）

30. HTML中设置段落缩进的标记是blockquote。 （　　）

31. 在HTML文件中，可以利用标记
进行换行。 （　　）

32. 设置网页背景可使用HTML的body标记的bgcolor属性。 （　　）

33. HTML中设置网页文字的颜色可使用body标记的fontcolor属性。 （　　）

34. HTML表格在默认情况下有边框。（　　）
35. 将<ul>标记用在<ol>标记之间可以实现列表的嵌套。（　　）
36. 在HTML中，与表格一样，表单也能嵌套。（　　）
37. 规范来说一个HTML文档只能含有一对<body>标记，且标记必须在<html>标记内。
（　　）
38. 网页中的图片超链接是通过<img>实现的。（　　）
39. 在定义CSS类选择符时，在自定义类名称的前面加一个#号。（　　）
40. CSS的font属性可以同时对文字的多个属性进行设置。（　　）
41. CSS中的color属性用于设置HTML元素的背景颜色。（　　）
42. CSS盒子模型涉及内容、padding、border和margin。（　　）
43. p{border:15px solid blue}表示设置段落的四条边框宽度为15像素。（　　）
44. 可通过CSS的border-style边框样式属性设置边框线为虚线。（　　）
45. XHTML指的是EXtensible HyperText Markup Language。（　　）
46. 在Dreamweaver中预览网页用快捷键【F12】，打开网页用【Ctrl+O】组合键。（　　）
47. 一个Web站点至少需要一个主页，可以有其他子页。（　　）
48. 网站的第一个网页，则称为该网站的"首页"，也就是常说的Home Page。（　　）
49. 在网站规划阶段，先绘制网页平面草稿，再规划网站构架图。（　　）
50. 首页可以说是网站的门面，除了呈现网站主要的视觉风格外，其最重要的功能是提供整个网站的内容导览及最新消息。（　　）

三、填空题
1. HTML标记语言中，表格由_____标签定义。
2. 在HTML标记语言中，超链接由_____标签定义。
3. 在CSS中，一个独立的盒子模型由_____、_____、_____和_____ 4个部分组成。
4. HTML中定义元信息的标签是_____。
5. 白色的十六进制颜色代码是#_____。
6. <tr>…</tr>是用来定义____①____；<td>…</td>是用来定义____②____。
7. CSS就是Cascading Style Sheets，译为_____，简称样式表，它是一种制作网页的新技术。
8. id选择器以_____符号开始来定义。
9. 在CSS中使用_____属性设置字体样式。
10. 在CSS中，可以利用_____属性来控制边框的宽度。
11. 如果要使用CSS将文本样式定义为粗体，需要设置_____文本属性。
12. 在HTML中，_____表示空格。
13. HTML文档的扩展名为_____。
14. 一般网站中的首页被命名为_____。
15. HTML文档的主体标签是_____。
16. 定义网页标题的标签是_____。

17. HTML文档的根标签是_____。

18. 在CSS中_____属性用于设置字体，如：宋体、微软雅黑、黑体等。

19. CSS中_____属性用于设置右外边距。

20. HTML中，_____标签用于在网页中创建表单。

21. 如果要为网页指定黑色的背景颜色，可以使用html语句:<body_____ >。

22. <hr width=50%>表示创建一条_____的水平线。

23. 要设置一条2像素粗、200像素长的左对齐的水平线，应使用_____语句。

24. 在Dreamweaver中，制作一个空链接，可以在"属性"面板的"链接"里直接输入_____。

25. 在Dreamweaver中，表格的宽度可以被设置为100%，这意味着表格的宽度会随着浏览器窗口大小的变化而_____。

26. 在Dreamweaver中，当网页既设置了背景图像又设置了背景颜色，那么网页背景显示的是_____。

27. 在CSS中，能够定义所有P标签内文字加粗的代码是_____。

28. 如果要让一个div固定在窗口的指定位置，应该将其position的属性值设置为_____。

29. 如果一个网页中包含如下代码：<div style="border-style:solid;border-width:15px 2px 5px 10px;">123</div>，则该div元素的上边框宽度为_____。

30. 为了避免中文网页在浏览器中显示时产生乱码，最好在网页中使用_____标记说明网页使用的编码字符集。

31. 在CSS中，为页面中的某个DIV标签设置样式div{width:200px;padding:20px; border:5px;}，则该标签的实际宽度为_____。

32. 在HTML中，可以用_____标签产生空行。

33. 下面语句可以产生___①___行___②___列的表格。

```
<table>
<tr>
<td>单元格 1</td>
<td>单元格 2</td>
</tr>
</table>
```

34. 下面语句要在两行文字之间加一条红色水平线，请填上相应代码。

```
<h1>第一行文字</h1>
_____
<h1>第二行文字</h1>
```

35. 现有html代码：<h1>广西大学</h1>，要使"广西大学"文字居中显示，代码修改为_____。

36. 设置表格边框为红色的 HTML 代码是_____。

37. 分析下面的HTML代码片段，该表格边框宽度为___①___像素，表格中的文字对齐方式为___②___，"姓名"单元格跨___③___列，"成绩"单元格跨___④___行。

```
<table cellspacing="0"  border=1>
```

```
    <tr><td colspan="2" align="center">姓名 </td></tr>
    <tr><td rowspan="2" align="center">成绩 </td>
           <td align="center">语文 </td>
    </tr>
    <tr><td colspan="2" align="center">数学 </td></tr>
</table>
```

38. 表格的标签是____①____，单元格的标签是____②____。

39. 在编辑table表格时，合并行使用____①____，合并列使用____②____。

40. 在CSS层叠样式表当中经常用到的三种选择器：_____选择器、_____选择器、_____选择器。

41. _____是网页与网页之间联系的纽带，也是网页的重要特色。

42. 表单是Web_____和Web_____之间实现信息交流和传递的桥梁。

43. 在网页中插入背景图案（文件的路径及名称为/img/bg.jpg）的语句是_____。

44. <table width="100%" border="1" cellspacing="0" cellpadding="2">表示表格的宽为____①____，表格的线宽为____②____，单元格内数据与单元格边界间隔为____③____，单元格与单元格间隔为____④____。

45. 制作一条长度为浏览器宽度的一半、红色、居中对齐的水平线，代码为_____。

46. 在Dreamweaver文档窗口中有三个视图，它们分别是_____、_____和_____。

47. 分析下列代码，浏览器显示Milk的序列号为_____。

```
<ol start=2>
        <li>Coffee</li>
        <li>Tea</li>
        <li>Milk</li>
</ol>
```

48. 分析下列代码，浏览器显示香蕉的序列号为_____。

```
<h4>小写字母列表：</h4>
<ol type="a">
        <li>苹果 </li>
        <li>香蕉 </li>
        <li>柠檬 </li>
        <li>桔子 </li>
</ol>
```

49. 分析下列代码，This is a header为____①____级标题，字体颜色为____②____色，News headline为____③____级标题，字体颜色为____④____色。

```
<div style="color:red">
    <h3>This is a header</h3>
    <p>This is a paragraph</p>
</div>
 <div class="news">
    <h2>News headline </h2>
    <p>some text</p>
    ...
 </div>
```

50. 分析下列代码，图像将在文本的___①___侧显示，图像高为___②___，宽为___③___。

```html
<html>
<body>
    <p>
        <img src="/i/aa.gif"  align ="left"  width="100"  height="50" >
        带有图像的一个段落。图像将浮动到文本的哪一侧显示？
    </p>
</body>
</html>
```

51. 要输出如下效果的文字，请填写完整代码。

新鲜的新西兰奇异果

原价：¥ 6.50/kg

现在仅售：¥ 4.00/kg

```html
<body>
    <p> 新鲜的新西兰奇异果 </p>
    <p>___①___原价：¥ 6.50/kg___②___</p>
    <p>___③___现在仅售：¥ 4.00/kg___④___</p>
</body>
```

52. 要输出如下效果的公式，请填写完整代码。

$$(a+b)^2=a^2+b^2+2ab$$

```html
<body>
    <p> _____ </p>
</body>
```

53. 要输出如下效果的文字，请填写完整代码。

前端最核心 3 个技术：
- HTML
- CSS
- JavaScript

```html
<body>
    <div> 前端最核心 3 个技术： </div>
    <ul>
        ___①___HTML___②___
        ___③___CSS___④___
        ___⑤___JavaScript___⑥___
    </ul>
</body>
```

54. 下列代码输出文字"我有一件蓝色的衣服"，要求"蓝色"二字的字体颜色为蓝色。请填写完整代码。

```html
<body>
    <p> _____</p>
</body>
```

55. 下列代码对文字"这是删除线效果"加上删除线，请填写完整代码。

```
<body>
  <p> _____ 这是删除线效果 </p>
</body>
```

56. 填空完成实现如右图所示页面效果的关键 html 代码。其中，A、B、C、D、E 均为默认字号和默认字体，并且加粗显示，它们都位于各自单元格的正中间，A 单元格的高度为 200 像素，B 单元格的高度为 100 像素。

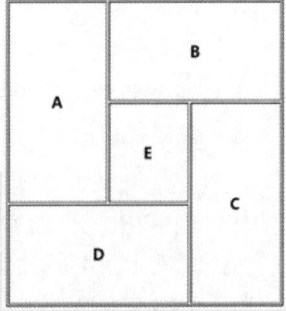

```
<table width=300 border="1" align=center>
    <tr>
        <td_____①_____>
            <b>A</b>
        <td _____②_____>
            <b>B</b>
        <tr align="center">
        <td height="100">
            <b>E</b>
        <td rowspan="2">
            <b>C</b>
    <tr align=center>
    <td colspan="2" height="100">
        <b>D</b>
    </td>
    </tr>
</table>
```

四、问答题

1. 什么是网站主页？主页一般取什么文件名？
2. 什么是静态网页？什么是动态网页？
3. 一个 HTML 文件应具有的基本结构是什么？
4. 在Dreamweaver中，常用的网页布局方法有哪些?
5. 在Dreamweaver中，如何查看辅助线之间的距离？
6. 在Dreamweaver中，如何重设标尺的原点？
7. 如何设置网页的搜索引擎关键字？
8. 在Dreamweaver中，如何设置图像的对齐方式为左对齐？
9. 如何给网页设置背景音乐？
10. 网页中常用的音乐格式有哪些？
11. 网页中常用的视频格式有哪些？
12. CSS是什么?使用CSS有什么好处？
13. 如何在网页中创建超链接？
14. HTML中，表格主要由哪几个标签构成？
15. 如何区别外部CSS样式表和内部CSS样式表？
16. 在Dreamweaver中，如何删除或禁用CSS属性？
17. 在使用CSS+DIV布局时，如何对元素进行位置和大小的控制？
18. 如何将元素的定位方式设置为相对定位？

19. 简要说明表格与CSS+DIV在网页布局时的区别。

20. 举例说明在网页中使用CSS样式表的三种方式。

第7章 IT新技术

1. 下列属于新型计算模型的有_____。

    A．量子计算　　　　B．网格计算　　　　C．云计算　　　　D．以上都对

2. _____就是流水线技术，即采用指令预取技术，将每个指令分成多步，各步间叠加操作，当前指令完成前，后一指令准备就绪，缩小指令执行的时钟周期。

    A．时间上的并行计算　　　　　　　　B．空间上的并行计算

    C．单指令多数据流（SIMD）　　　　D．多指令多数据流（MIMD）

3. 下列属于并行计算特征的是_____。

    A．一个问题被分解成为一系列可以并发执行的离散部分

    B．每个部分可以进一步被分解成为一系列离散指令

    C．来自每个部分的指令可以在不同的处理器上被同时执行

    D．以上都对

4. 关于空间上的并行计算，下列说法不正确的是_____。

    A．空间上的并行计算分为单指令多数据流（SIMD）和多指令多数据流（MIMD）两类

    B．SIMD是流水技术的扩展，可以在一个时钟周期处理多个指令

    C．空间并行计算技术包括数据并行计算和任务并行计算

    D．空间上的并行计算是典型的以时间换空间

5. _____是把整个网络整合成一台巨大的超级计算机，形成超级计算的能力，专门针对复杂科学计算的新型计算模式。

    A．并行计算　　　　B．网格计算　　　　C．云计算　　　　D．生物计算

6. 2008年，_____在无锡建立了云计算中心。

    A．IBM　　　　B．Google　　　　C．Amazon　　　　D．Microsoft

7. 云计算是对_____技术的发展与运用。

    A．并行计算　　　　B．网格计算　　　　C．分布式计算　　　　D．以上都对

8. 云计算概念最早由_____公司提出的。

    A．IBM　　　　B．Google　　　　C．苹果　　　　D．微软

9. 下列不属于云计算特点的是_____。

    A．私有化　　　　B．灵活性　　　　C．通用性　　　　D．高可靠性

10. 云计算的核心思想是将大量用网络连接的计算资源_____，构成一个计算资源池向用户提供按需服务，提供资源的网络被称为"云"。

    A．统一管理和调度　B．分布管理和调度　C．无须管理和调度　D．由使用者自由调用

11. 下列关于云计算的说法中，错误的是_____。

    A．云计算资源以服务的形式提供　　　　B．云计算按需对用户提供服务

    C．云计算技术将大量的数据和计算集中到云计算中心完成

    D．"云"中的资源是绝对安全的，不可能产生泄露

12. 云计算是一种基于＿＿＿＿＿＿＿的超级计算模式。

    A. 人工智能　　　　B. 网格　　　　　　C. 互联网　　　　　D. 分布式系统

13. ＿＿＿＿＿＿＿不是云计算的具体应用。

    A. 搜索引擎　　　　B. 地图导航　　　　C. 网络存储　　　　D. 高性能计算

14. 下列关于云计算的描述错误的是＿＿＿＿＿＿＿。

    A. 云计算使得计算能力成为一种在互联网上流通的资源

    B. 云计算可以脱离网络提供服务

    C. 云计算通过互联网来提供动态易扩展且经常是虚拟化资源的计算模式

    D. 云计算比本地计算具备更好的扩展性

15. 用户通过云计算能够根据需要获取＿＿＿＿＿＿＿。

    A. 其他三个选项都是　　　　　　　　B. 存储空间

    C. 计算能力　　　　　　　　　　　　D. 软硬件服务

16. 世界上第一台商用量子计算机由＿＿＿＿＿＿＿量子计算公司 D-Wave 于 2011 年 5 月 11 日发布。

    A. 美国　　　　　　B. 英国　　　　　　C. 加拿大　　　　　D. 德国

17. ＿＿＿＿＿＿＿是一种遵循量子力学规律调控量子信息单元进行计算的新型计算模式。

    A. 量子计算　　　　B. 网格计算　　　　C. 云计算　　　　　D. 生物计算

18. ＿＿＿＿＿＿＿是以核酸分子作为"数据"，以生物酶及生物操作作为信息处理工具的一种新颖的计算机模型。

    A. 并行计算　　　　B. 网格计算　　　　C. 云计算　　　　　D. 生物计算

19. 下列不属于大数据5V特点的是＿＿＿＿＿＿＿。

    A. 规模性（Volume）　　　　　　　　B. 集成性

    C. 多样性（Variety）　　　　　　　　D. 高速性（Velocity）

20. 当前大数据技术的基础是由＿＿＿＿＿＿＿首先提出的。

    A. 微软　　　　　　B. 百度　　　　　　C. 谷歌　　　　　　D. 阿里巴巴

21. 当前社会中，最为突出的大数据环境是＿＿＿＿＿＿＿。

    A. 互联网　　　　　B. 物联网　　　　　C. 综合国力　　　　D. 自然资源

22. 大数据的最显著特征是＿＿＿＿＿＿＿。

    A. 数据规模大　　　　　　　　　　　B. 数据类型多样

    C. 数据处理速度快　　　　　　　　　D. 数据价值密度高

23. 下列不是大数据特点的是＿＿＿＿＿＿＿。

    A. 大量　　　　　　B. 高速　　　　　　C. 排序　　　　　　D. 真实性

24. 大数据的起源是＿＿＿＿＿＿＿。

    A. 金融　　　　　　B. 电信　　　　　　C. 互联网　　　　　D. 公共管理

25. 大数据应用需依托的新技术有＿＿＿＿＿＿＿。

    A. 大规模并行处理（MPP）数据库　　B. 数据挖掘

    C. 云计算平台　　　　　　　　　　　D. 以上都对

26. 目前利用大数据分析技术无法进行有效支持的是＿＿＿＿＿＿＿。

A．个人消费习惯分析及预测   B．新型病毒的分析判断

C．精确预测股票价格   D．天气情况预测

27．大数据时代，数据使用的关键是_____。

     A．数据存储   B．数据收集   C．数据再利用   D．数据分析

28．_____将所有物品通过射频识别等信息传感设备与互联网连接起来，实现智能化识别和管理。

     A．互联网   B．物联网   C．局域网   D．城域网

29．射频识别技术属于物联网产业链的_____环节。

     A．标识   B．感知   C．处理   D．信息传送

30．RFID主要作用是_____。

     A．智能化识别和管理   B．存储信息

     C．数据计算   D．控制功能

31．智能健康手环的应用开发，体现了_____的数据采集技术的应用。

     A．传感设备   B．网络爬虫   C．API接口   D．统计报表

32．物联网的基础是_____。

     A．RFID   B．计算机技术   C．人工智能   D．互联网

33．_____被称为继计算机、互联网之后，世界信息产业的又一次新浪潮。

     A．物联网   B．云计算   C．人工智能   D．虚拟现实

34．下列关于物联网的叙述错误的是_____。

     A．物联网就是物物相连的互联网   B．物联网不能适应异构网路和协议

     C．物联网的核心和基础仍然是互联网，是互联网的延伸和扩展

     D．物联网包括传感器技术、智能嵌入技术、RFID等技术

35．科学家们首次提出"人工智能"概念是在_____年。

     A．1946   B．1960   C．1916   D．1956

36．_____是研究、开发用于模拟、延伸和扩展人的智能的理论、方法、技术及应用系统的一门新的技术科学。

     A．自动规划   B．人工智能   C．智能控制   D．数据挖掘

37．人工智能AI的英文缩写是_____。

     A．Automatic Intelligence   B．Artifical Intelligence

     C．Automatice Information   D．Artifical Information

38．下列关于人工智能的叙述不正确的是_____。

     A．人工智能技术与其他科学技术相结合极大地提高了应用技术的智能化水平

     B．人工智能是科学技术发展的趋势

     C．人工智能的发展目前已达到超人工智能阶段

     D．人工智能有力地促进了社会的发展

39．下列属于人工智能的研究领域的是_____。

     A．机器学习   B．模式识别   C．人工生命   D．以上都对

40．人工智能的目的是让机器能够_____，以实现某些脑力劳动的机械化。

A. 具有全部人类智能　　　　　　　B. 和人一样工作

C. 完全代替人的大脑　　　　　　　D. 模拟、延伸和扩展人的智能

41. 人工智能的第二次高潮出现了_____。

A. 反馈神经网络　　　　　　　　　B. 单层感知机

C. 深度卷积神经网络　　　　　　　D. 深度自动编码器

42. 谷歌的 DeepMind 公司开发的_____在轰动全球的人机围棋大战中获胜。

A. AlphaGo　　　　B. DEEP BLUE　　　C. ENIAC　　　　D. UNIVAC

43. 机器人、语音识别、图像识别和专家系统属于计算机在_____方面的应用。

A. 科学计算　　　　B. 实时控制　　　　C. 虚拟现实　　　　D. 人工智能

44. 下列_____不属于人工智能的实例。

A. 机器人　　　　　　　　　　　　B. 超市条形码扫描器

C. 智能个人助理　　　　　　　　　D. Web搜索引擎

45. 人工智能的第三次高潮，提出了_____的概念。

A. 深度学习　　　　B. 专家系统　　　　C. 机器学习　　　　D. 感知机

46. 下列描述错误的是_____。

A. 云计算为海量、多样化的大数据提供存储和运算平台

B. 大数据可以创造出巨大的经济和社会价值

C. 云计算、大数据、物联网都离不开互联网

D. 目前人工智能研究已经实现了通用人工智能

47. 虚拟现实就是用计算机等技术（计算机图形技术、计算机仿真技术、人工智能、传感技术、显示技术、网络并行处理技术等）生成与真实环境在_____等方面高度近似的数字化环境。

A. 视觉　　　　　　B. 听觉　　　　　　C. 触觉　　　　　　D. 以上都对

48. 虚拟现实有三个特征，即_____。

A. 想象、交互、沉浸　　　　　　　B. 想象、虚拟、现实

C. 虚拟、现实、交互　　　　　　　D. 虚拟、现实、想象

49. 虚拟现实的英文名称是_____。

A. Virtual Image（VI）　　　　　　B. Virtual Reality（VR）

C. Virtual Film（VF）　　　　　　　D. Virtual Graph（VG）

50. 虚拟现实系统根据用户参与形式的不同一般分为四种模式，即_____。

A. 桌面式、沉浸式、增强式和分布式　　B. 图形式、沉浸式、增强式和分布式

C. 桌面式、沉浸式、嵌入式和分布式　　D. 桌面式、沉浸式、增强式和实时式

51. 虚拟现实的_____特征是指用户对模拟环境内物体的可操作程度和从环境得到反馈的自然程度。

A. 可操作性　　　　B. 交互性　　　　　C. 自主性　　　　　D. 多感知性

52. 虚拟现实VR是以_____为核心，结合相关科学技术，生成与真实环境在视、听、触感等方面高度近似的数字化环境。

A. 虚拟现实　　　　B. 云计算　　　　　C. 人工智能　　　　D. 计算机技术

第3部分 模拟测试题

"大学计算机"模拟测试题 1

模块1 计算机导论（单选题，每题1分，共30分）

1. 电子计算机最主要的工作特征是_____。
   A. 具有逻辑判断能力   B. 运算精度高
   C. 存储程序与自动控制   D. 运行速度快

2. 第四代计算机所采用的主要元器件是_____。
   A. 晶体管   B. 超导体   C. 集成电路   D. 大规模集成电路

3. 办公自动化（OA）是计算机的一项应用，按计算机应用分类，它属于_____。
   A. 数据处理   B. 科学计算   C. 实时控制   D. 辅助设计

4. 计算机发展至今，均由运算器、控制器、存储器、输入和输出设备组成，称为_____体系结构。
   A. 艾伦·图灵   B. 罗伯特·诺依斯   C. 比尔·盖茨   D. 冯·诺依曼

5. 下列_____说法是错误的。
   A. 提供资源的网络被称为"云"
   B. "云"中的资源在使用者看来是可以无限扩展的
   C. "云"中的资源都是免费使用的，无须付费
   D. "云"中的资源可随时获取，按需使用，随时扩展，按使用付费

6. 以下关于对称加密说法正确的是_____。
   A. 加密方和解密方可以使用不同的算法   B. 加密密钥和解密密钥可以是不同的
   C. 加密密钥和解密密钥必须是相同的   D. 密钥的管理非常简单

7. 许多黑客利用软件实现中的缓冲区溢出漏洞进行攻击，最可靠的解决方案是_____。
   A. 安装最新的系统补丁软件   B. 安装防病毒软件
   C. 安装入侵检测系统   D. 安装防火墙

8. 物联网是一个基于互联网、传统电信网等信息承载体，让所有能够被独立寻址的普通物理对象实现_____的网络。
   A. 信息共享   B. 互联互通   C. 相互控制   D. 以上都不正确

9. 机器人属于_____方面的应用。
   A. 计算机控制   B. 人工智能   C. 模糊控制   D. 电气自动化

10. 以下算式中，相减结果得到十进制数 0 的是_____。
    A. $(4)_{10}-(011)_2$ B. $(5)_{10}-(110)_2$ C. $(6)_{10}-(100)_2$ D. $(7)_{10}-(111)_2$

11. 若按从大到小顺序排列字符，正确的是_____。
    A. 空格，A，e，7   B. 7，e，A，空格

C．e，A，7，空格　　　　　　　　　　　　D．e，A，空格，7

12. 下列关于图形、图像的说法中不正确的是_____。

　　A．分辨率越高的图像像素点越多，图像的尺寸和面积也越大

　　B．像素是构成位图图像的最小单位

　　C．JPEG 格式图像最多只能处理 256 种色彩，故其不能存储真彩色的图像文件

　　D．位图进行缩放时不容易失真，而矢量图缩放时容易失真

13. 立体声双声道采样频率为 44.1 kHz，量化位数为 8 位，录制 1 分钟音乐的存储量为_____。

　　A．$44.1 \times 1\,000 \times 16 \times 2 \times 60 / 8$ B　　　　B．$44.1 \times 1\,000 \times 8 \times 2 \times 60 / 16$ B

　　C．$44.1 \times 1\,000 \times 8 \times 2 \times 60 / 8$ B　　　　D．$44.1 \times 1\,000 \times 16 \times 2 \times 60 / 16$ B

14. 微型计算机中，控制器的基本功能是_____。

　　A．进行算术和逻辑运算　　　　　　　　B．存储各种控制信息

　　C．保持各种控制状态　　　　　　　　　D．控制机器各个部件协调一致地工作

15. 下列设备组中，完全属于输入设备的一组是_____。

　　A．CD-ROM 驱动器、键盘、显示器　　　B．绘图仪、键盘、鼠标器

　　C．键盘、鼠标器、扫描仪　　　　　　　D．打印机、硬盘、条码阅读器

16. 下列关于计算机指令说法正确的是_____。

　　A．指令是指示计算机完成一个完整任务　　B．指令是对数据进行运算

　　C．指令是指示计算机执行某种操作　　　　D．指令是对计算机进行控制

17. 下列各组软件中，全部属于系统软件的一组是_____。

　　A．程序语言处理程序、操作系统、数据库管理系统

　　B．文字处理程序、编辑程序、操作系统　　C．财务处理软件、金融软件、网络系统

　　D．WPS Office 2010、Excel 2010、Windows 7

18. 能把汇编语言源程序翻译成目标程序的程序称为_____。

　　A．编译程序　　　　B．解释程序　　　　C．编辑程序　　　　D．汇编程序

19. 从逻辑功能角度看，计算机网络可分为两个子网，即_____。

　　A．数据子网和信息子网　　　　　　　　B．资源子网和通信子网

　　C．通信子网和信息子网　　　　　　　　D．资源子网和数据子网

20. 下列关于计算机网络分类的叙述错误的是_____。

　　A．按网络通信覆盖的地理范围来划分为：局域网（LAN）、城域网（MAN）、广域网（WAN）

　　B．按通信方式划分为点对点网络和广播式网络

　　C．按照通信传输介质划分为双绞线网、同轴电缆网、光纤网和卫星网

　　D．按传输信号形式划分为基带传输网络和宽带传输网络

21. Internet 的计算机直接通信时双方必须使用相同的网络协议即_____协议。

　　A．NetBEUI　　　　B．IPX/SPX　　　　C．TCP/IP　　　　D．OSI

22. OSI 参考模型七个功能层的最高层是_____。

　　A．传输层　　　　　B．物理层　　　　　C．网络层　　　　　D．应用层

23. 计算机网络拓扑结构中的"结点"不包括_____。

    A. 硬盘   B. 计算机   C. 打印机   D. 路由器

24. 在下列网络拓扑结构中，中心结点的故障可能造成全网瘫痪的是_____。

    A. 总线拓扑结构   B. 环状拓扑结构   C. 树状拓扑结构   D. 星状拓扑结构

25. 常用于连接局域网与广域网，而且具有路径选择功能的网络设备是_____。

    A. 中继器   B. 路由器   C. 集线器   D. 交换机

26. 对于 IP 地址为 110.178.65.55 的主机来说，它的网络号和主机号分别为_____。

    A. 110.178.65 和 55   B. 110.178 和 65.55

    C. 110 和 178. 65.55   D. 55 和 110.178.65

27. 域名 www.fudan.edu.cn 是中国_____的一个站点。

    A. 工商部门   B. 政府部门   C. 教育科研部门   D. 军事部门

28. 关于百度搜索引擎的说法，错误的是_____。

    A. 为目前全球最大的中文搜索引擎   B. 检索结果依据相关度排序

    C. 不能用于外文词语搜索   D. 支持布尔逻辑检索

29. Internet 提供了许多服务项目，最常用的是在各网站之间漫游、浏览文本、图形和声音等各种信息，这项服务称为_____。

    A. 电子邮件   B. 万维网（WWW）   C. 文件传输   D. 网络新闻组

30. 关于电子邮件，以下说法_____是错误的。

    A. 电子邮件可以传递文字、图像和声音   B. 电子邮件传递速度很快

    C. 电子邮件可以寄送实物   D. 电子邮件可以随时发送

模块2　Python程序设计入门（共 70 分）

（一）单选题（每题1分，共20分）

1. 下列关于 Python 程序的说法正确的是_____。

    A. 在 Windows 平台上编写的 Python 程序无法在 UNIX 平台运行

    B. 要运行 Python 程序，必须安装 Python 解释器

    C. Python 程序文件的扩展名是 .pyc

    D. Python 程序必须要在 IDLE 中运行

2. 下列_____不是 Python 中的字符串常量。

    A. '3.14'   B. '中国'   C. "name"   D. 姓名

3. 执行下列集合运算语句后的显示结果是_____。

```
s1={11,12,13}
s2={10,12,14}
print(s1&s2)
```

    A. {12}   B. {10, 13}   C. {10,11,13,14 }   D. {10,11,12,13,14 }

4. 设有列表 t=['Q', '8', 'A', '9', '4', '7', 'J']，要在第四个数据元素（'9'）之后插入一个值为'5'的数据元素，正确的语句是_____。

　　A．t.insert(4,'5')　　　B．insert t(3,'5')　　　C．t.append[4,'5']　　　D．t.insert(3,'5')

5．若 num=18，语句 print('我的年龄是：%s 岁 ',num) 执行的结果是_____。

　　A．我的年龄是：18 岁　　　　　　　　B．我的年龄是：%s 岁 18

　　C．我的年龄是：18 岁，18　　　　　　D．语法错误

6．两个变量 a 和 b，下面判断这两个变量是否相等的 Python 语句中，正确的是_____。

　　A．if a=b:　　　B．if a==b:　　　C．if a=b　　　D．if a==b

7．执行下列语句后的显示结果是_____。

```
x=1
y=2*x/a
x='result'
print(x,y)
```

　　A．result 0　　　B．1 0　　　C．result, 0.5　　　D．result 0.5

8．执行下面这段 Python 程序代码，如果输入的是ABC，输出的结果是_____。

```
while True:
    try:
        key= input(' 请输入口令 :')
        if int(key)==666666:
            print(' 欢迎您！')
        else:
            print(' 口令错误！')
        break
    except ValueError:    # 此处也可直接 except，表示不指定异常类型
        print(" 您输入的不是整数，请再次尝试输入！")
```

　　A．您输入的不是整数，请再次尝试输入！　B．欢迎您！

　　C．口令错误！　　　　　　　　　　　　D．ValueError

9．下面计算 5 的阶乘（5!= 1×2×…×5）的程序，输出的结果是_____。

```
product=1
for i in range(1,6):
    product=product*i
print('5 的阶乘是：', product)
```

　　A．5的阶乘是：120　B．120　　　　C．5的阶乘是：720　D．720

10．下面 Python 程序代码，输出结果是 1,2,3 的是_____。

　　A．for i in range(3):　　　　　　　B．List=[1,2,3]

　　　　　print(i)　　　　　　　　　　　　for i in List:

　　　　　　　　　　　　　　　　　　　　　　print(i+1)

　　C．i=1　　　　　　　　　　　　　　D．for i in range(3):

　　　　while i<3:　　　　　　　　　　　　　print(i+1)

　　　　　　print(i)

　　　　　　i+=1

11．执行下面这段 Python 程序代码，输出的结果是_____。

```
x=[1,3,5,7.2,8.8]
s=0
for i in x:
        s=s+i
y=s/len(x)
print("y=", y)
```

    A．y= 3.0   B．y= 5.0   C．3.0   D．5.0

12. 下列用Python 定义一个函数的格式正确的是_____。

    A．class <name>(<type> arg1,<type> arg2,…<type> argN)

    B．function <name>(arg1,arg2,…argN)

    C．def <name>(arg1,arg2,…argN)

    D．def <name>(<type> arg1,<type> arg2,…<type> argN)

13. Python 的作用域一共有 4 种，分别是_____。

    A．全局作用域、局部作用域、嵌套作用域、内置作用域

    B．全局作用域、局部作用域、共享作用域、内置作用域

    C．全局作用域、局部作用域、嵌套作用域、动态作用域

    D．全局作用域、局部作用域、静态作用域、内置作用域

14. 执行下列程序后的输出结果是_____。

```
def sum(a,b):
    s=0
    for i in range(a,b+1):
        s+=i
    return s
print(sum(1,3))
```

    A．6   B．10   C．12   D．15

15. 在读取或写入文件之前，必须使用 Python 的内置函数_____打开文件。

    A.open()   B．close()   C．read()   D．write()

16. 下列导入模块方式错误的是_____。

    A．import math as m   B．import m from math

    C．import math   D．from math import *

17. 下列关于模块的说法错误的是_____。

    A．模块可以是一个文件也可以是一个目录，目录的形式称作包（Package）

    B．模块就是程序，任何Python程序都可作为模块导入

    C．模块文件的扩展名不一定是 .py

    D．模块/包/库这三个概念本质上都是模块，只不过是个体和集合的区别

18. 下列属于Pandas库中的两个主要数据类型的是_____。

    A．ndarray   B．item   C．DataFrame   D．list

19. 若import pandas as pd，下列创建Series对象的Python语句不正确的是_____。

    A．pd.Series([12,-3,5])   B．pd.Series({1,3,5})

    C．pd.Series({"a":1,"b":2,"c":3})   D．pd.Series((1,2,3))

20. 执行下面命令后输出结果是_____。

```
>>> import pandas as pd
>>> df=DataFrame([1, 3, 5, 7, 9], columns=['cols'], index=['a','b',
'c','d','e'])
>>> print(df.size)
```

　A. 5　　　　　　　B. 3　　　　　　　C. 2　　　　　　　D. 4

（二）判断题（对√错 ×，每题 1 分，共 10 分）

1. Python 是一种面向对象的、解释型的编程语言。　　　　　　　　　（　　）
2. Python 中可以使用 if 作为变量名。　　　　　　　　　　　　　　（　　）
3. 运算符 "%" 可以对浮点数进行求余数操作。　　　　　　　　　　（　　）
4. 在 Python 3.x 中 input() 函数接收到的用户输入数据一律为字符串。　（　　）
5. 如果仅仅是用于控制循环次数，那么使用 for i in range(20) 和 for i in range(20, 40) 的作用是等价的。　　　　　　　　　　　　　　　　　　　　（　　）
6. 在 Python 中定义函数时必须声明函数参数的类型。　　　　　　　（　　）
7. 使用内置函数 open() 且以 "w" 模式打开的文件，文件指针默认指向文件尾。（　　）
8. CSV文件不能包含二维数据的表头信息。　　　　　　　　　　　　（　　）
9. 库是具有相关功能模块的集合，Python具有强大的标准库、第三方库以及自定义模块。　　　　　　　　　　　　　　　　　　　　　　　　　　　（　　）
10. 使用Pyinstaller库可以把源程序打包成为exe文件，从而脱离Python环境在Windows平台上运行。　　　　　　　　　　　　　　　　　　　　　（　　）

（三）填空题（每题 2 分，共 20 分）

1. 右击 Python 的程序文件，在弹出的快捷菜单中选择___①___命令可打开它并调试运行。
2. print('3+5的计算结果是：',eval('3+5'))的输出结果是___②___。
3. 在循环语句中，___③___语句的作用是提前结束本层循环。
4. Python安装扩展库常用的工具是___④___。
5. jieba库提供的三种分词模式是___⑤___。
6. 下面这段程序的功能是：找出数字序列中最大的两个值，并将其按大小顺序输出。请在横线处填上正确的语句。

```
s=[7,25,16,38,76,29,98,53,69,5,11]
max=s[0]
sec=s[1]
if max<sec:
    temp=max
    max=sec
    sec=temp
i=2
while ___⑥___
    if s[i]>sec:
        sec=s[i]
    if ___⑦___
```

```
        temp=max
        max=sec
        sec=temp
          ⑧
print('数据序列中最大的两个数为：',max,sec)
```

7. 编写函数，最大公约数和最小公倍数。请在横线处填上正确的语句。

```
def gcd():
    a,b=int(input('a=')),int(input('b='))
    t1,t2=a,b
    while b!=0:
        if a<b:
            a,b=b,a else:
              ⑨
    print('最大公约数是%d，最小公倍数是%d' %(a,___⑩___)')
def main():
    gcd()
main()
```

（四）编程题（每题10分，共20分）

1. 编写程序找出100 000范围内符合如下条件的整数：它加上100后是一个完全平方数，再加上168又是一个完全平方数。

2. 编写函数实现：输入某年某月某日，判断这一天是这一年的第几天。编写主程序调用该函数。

模块3　多媒体技术及应用（共70分）

（一）单选题（每题1分，共40分）

1. 通过下面_____操作，退出 Photoshop CC 是不可取的。
   A. 按【Alt+F4】组合键　　　　　　　B. 按【Ctrl+Alt+Del】组合键后结束任务
   C. 按【Ctrl+Q】组合键
   D. 单击 Photoshop 窗口右上角的"关闭"按钮

2. 如果在 Photoshop CC 中新建一个空白图像文档，则_____。
   A. 不可用"存储为"保存　　　　　　　B. 可用"存储为"保存
   C. 保存时一定要选择存储文件夹　　　　D. 保存时一定要选择保存类型

3. 以下_____是 Photoshop CC 中图像文件的保存格式。
   A. APE　　　　　　B. PCX　　　　　　C. FLAC　　　　　　D. FLV

4. 在 Photoshop CC 中，状态栏可以_____。
   A. 显示各种工具　　　　　　　　　　　B. 显示各种下拉菜单
   C. 显示当前使用的工具名称　　　　　　D. 显示并调整与当前图像相关的面板

5. 在 Photoshop CC 中，显示和隐藏标尺的组合键是_____。
   A.【Ctrl+H】　　　　B.【Ctrl+Z】　　　　C.【Ctrl+R】　　　　D.【Ctrl+F】

6. _____不是 Photoshop CC 选框工具组中的工具。

A. 矩形选框工具　　　B. 单列选框工具　　　C. 椭圆选框工具　　　D. 单列工具

7. 图层混合模式的效果不包括_____，不同的图层混合模式会给图像带来完全不同的合成效果。

A. 强光　　　　　　　B. 叠加　　　　　　　C. 颜色叠加　　　　　　D. 滤色

8. 以下关于完成一个图像裁剪的方法，正确的是：选择裁剪工具，拖动鼠标产生裁剪区，然后_____。

A. 在裁剪框外双击　B. 在裁剪框内双击　C. 在裁剪框外单击　D. 在裁剪框内单击

9. 使用图层的最大好处是_____。

A. 增加图像层次感　　　　　　　　　B. 能够严格区分各图像对象

C. 能区分各图像对象的编辑顺序　　　D. 对象的编辑不影响其他任何对象

10. 下列不属于 Photoshop 通道的是_____。

A. 颜色通道　　　　B. Alpha 通道　　　C. 专色通道　　　D. 路径通道

11. 网页一般包含以下几个常用元素：Text、Image、Table 与_____等。

A. NFS　　　　　　B. IPSec　　　　　　C. Hyperlink　　　D. HTTP

12. 下面_____不属于表单控件。

A. 按钮　　　　　　B. 行为框　　　　　　C. 文本框　　　　D. 复选框

13. HTML 以_____标签表示无序列表开始，以 <li>…</li> 标签对罗列列表项。

A. <ol>　　　　　　B.
　　　　　　C. <ul>　　　　　D. <dt>

14. 在 HTML 中，设置一个 E-mail 超链接，_____是正确的。

A. telnet:ddde@sina.com　　　　　　　B. mailto:ddde@sina.com

C. pop:ddde@sina.com　　　　　　　　D. mail:ddde@sina.com

15. _____标签对用来创建表格中的单元格。

A. <td></td>　　　　B. <table></table>　　C. <th></th>　　　D. <tr></tr>

16. 标题标签 <hn> 的 align 属性为可选属性，用于指定标题的对齐方式，默认为_____。

A. null　　　　　　B. 居中　　　　　　C. 左对齐　　　　D. 右对齐

17. 在 HTML 中，特殊符号以 "&" 开始，以 "；" 结束，中间为相关字符。例如，空格的特殊符号表示为_____。

A. &nbps;　　　　　B. &nspb;　　　　　C. 　　　　D. &space;

18. 用记事本编写的网页，默认会存为 ".txt" 文本文件，而网页文件必须保存为以_____为扩展名的文件。

A. doc　　　　　　B. txt　　　　　　C. rtf　　　　　D. .html 或 .htm

19. Dreamweaver CC 的工作界面主要包括菜单栏、通用工具栏、网页文档窗、属性面板和_____等。

A. 面板组　　　　　B. 状态栏　　　　　C. 代码窗　　　　D. 资源面板

20. 下列不属于 Dreamweaver CC 的编辑区的视图模式的是_____。

A. 拆分　　　　　　B. 经典　　　　　　C. 代码　　　　　D. 设计

21. 下列关于建立站点的说法错误的是_____。

A. 站点可以先在本地建立之后上传到远程服务器上

  B．建立站点可以方便管理网站中的各种资源

  C．站点必须有一个名为 image 的资源文件夹

  D．当地站点和远程站点要使用相同的结构

22．常见的网页布局方式有_____、DIV+CSS 布局、Flexbox（弹性）布局和 Grid（网格）布局。

  A．表单布局   B．ASP 布局   C．框架布局   D．表格布局

23．W3C 组织建议把网页上所有的对象都放在一个盒子（盒模型）中，其包含边界、边框、填充和_____。

  A．主体区域   B．内容区域   C．主要区域   D．文本区域

24．_____与链接的源端点无关，只要目标站点地址不变，无论文档在站点中如何移动，都可以正常实现跳转而不会发生错误。

  A．绝对路径   B．相对路径   C．链接路径   D．站点路径

25．在 Dreamweaver CC 中，用十六进制来表示颜色，_____表示红色。

  A．#FF0000   B．#00FF00   C．#0000FF   D．#FFFFFF

26．CSS 的中文全称是_____。

  A．超链接   B．主体标记   C．超链接样式   D．层叠样式表

27．在 Dreamweaver 中对已有的样式表不可以进行的操作是_____。

  A．删除   B．修改   C．复制   D．合并

28．下列关于 CSS 说法错误的是_____。

  A．CSS 样式表可以将格式和结构分离   B．CSS 样式表可以控制页面的布局

  C．CSS 样式表可以使许多网页同时更新

  D．CSS 样式表不能制作体积更小下载更快的网页

29．下列不可以被放在网页文件的头部（即标签 <head></head> 中）的内容是_____。

  A．网页标题、关键字   B．作者信息、网页描述、基础地址

  C．注释、表单域   D．CSS 样式

30．单击一个链接，打开一个新的窗口，那么需要把链接的目标属性设为_____。

  A．_parent   B．_blank   C．_self   D．_top

（二）判断题（对√错 ×，每题 1 分，共 10 分）

1．通过 Phtotoshop 生成的图像文件为矢量图。   （ ）

2．在图像处理过程中，无法对图层进行锁定操作，但是可以复制、删除和新建图层 （ ）

3．在 Photoshop CC 中，使用"历史记录"面板可以随时恢复前面被撤销的操作。 （ ）

4．HTML 使用 <audio> 标签来实现网页中播放音频文件。   （ ）

5．<pr> </pr> 表示在屏幕上显示一条水平线，用以分割页面中的不同部分。 （ ）

6．在 Dreamweaver CC 中可以通过插入面板在当前编辑网页中插入系统日期。 （ ）

7．在 Dreamweaver CC 中可将 Word 或 Excel 文档的内容插入到当前编辑的网页中。 （ ）

8．在 Dreamweaver CC 中创建 CSS 样式的方法有两种：一是通过"CSS 设计器"面板可视化创建 CSS 样式，另一种是手动编写 CSS 样式代码。 （ ）

9．CSS 的浮动会使元素向左或向右移动，其周围的元素也会重新排列。 （ ）

10. 清除浮动主要是为了解决父元素因为子级元素浮动引起的内部高度为0的问题。　（　　　）

（三）填空题（每空2分，共20分）

1. 网页huangshan.html的显示效果如下图所示，请在网页的HTML代码标号处填写代码或填写代码注释。

huangshan.html代码如下：

```
<!doctype html>
<html>
<head>
<meta    ①    ="utf-8">
<title> 黄山 </title>
</head>
<body><table width="100%" border="1" cellspacing="0" cellpadding="5">/*
    ②    */ 请描述本行代码的具体作用
  <tbody>
    <tr>
      <td colspan="2" align="center" style="font-size: 36px; font-family:
' 微软雅黑 '; color: #3C7840;"> 黄山旅游 </td>
    </tr>
    <tr>
      <td style="font-size: 18px; font-family:' 楷体 ';"><p> 黄山：世界文化与
自然双重遗产，世界地质公园，国家 AAAAA 级旅游景区，国家级风景名胜区，全国文明风景旅游区示
范点，中华十大名山，天下第一奇山。黄山位于安徽省南部黄山市境内，有 72 峰，主峰莲花峰海拔
1864 米，与光明顶、天都峰并称三大黄山主峰，为 36 大峰之一。黄山是安徽旅游的标志，是中国
十大风景名胜唯一的山岳风光。<br>
        黄山原名 "黟山"，因峰岩青黑，遥望苍黛而名。后因传说轩辕黄帝曾在此炼丹，故改名为
"黄山"。黄山代表景观有 "五绝三瀑"，五绝：奇松、怪石、云海、温泉、冬雪；三瀑：人字瀑、百
丈泉、九龙瀑。黄山迎客松是安徽人民热情友好的象征，承载着拥抱世界的东方礼仪文化。</p>
        <p><a href="index.html"> 回首页 </a></p>    ③
        <td><img src="image/ 黄山 .jpg"width="500" height="300"alt=""/></td>
    </tr>
  </tbody>
</table>
    ④
</html>
```

2. 网页chunjie.html的显示效果如下图所示，请在网页的HTML代码标号处填写代码或填写代码注释。

春节起源 民间习俗 国外影响 社会效应 返回主页

chunjie.html代码如下：

```
<!doctype html>
<html>
<head>
<meta charset="utf-8">
<title> 春节 </title>
<style    ⑤   ="text/css">
#container {
    width: 800px;
    margin-top: 0px;
    margin-right: auto;
    margin-bottom: 0px;
    margin-left: auto;
}    /*   ⑥   */ 请描述 #container 这段代码的具体作用
#lj {
    font-family: Cambria, "Hoefler Text", "Liberation Serif", Times,
"Times New Roman", serif;
    line-height: 35px;
    text-align: center;
    height: 32px;
    margin-top: 15px;
    margin-bottom: 8px;
}
#container #lj a:link, #container #lj a:visited {
    color: #63A7D8;
    font-size: large;
    text-decoration: none;
}
    ⑦
</head>
<body>
<div id="   ⑧   ">
    <header id="ym"><img src="image/ 春节 1.jpg" width="855" height="300"
alt=""/></header>
    <nav id="lj"><a href="#"> 春节起源 </a> <a href="#"> 民间习俗 </a> <a href=
```

```
"#"> 国外影响 </a> <a href="#"> 社会效应 </a> <a href="index.html" target=
"_blank">返回主页 </a></nav>
        ⑨
    </body>
       ⑩
```

（四）问答题（每题5分，共 10 分）

1. 什么是图层？图层有哪几种类型？
2. CSS是什么？使用CSS有什么好处？

"大学计算机" 模拟测试题 2

模块1　计算机导论（单选题，每题1分，共 30 分）

1. 关于第一台电子计算机的描述正确的是_____。

   A. 研制的科学家是冯·诺依曼

   B. 命名为 EDVAC，意为 "电子数字和积分计算机"

   C. 研制的主要目的是为弹道计算所用

   D. 使用 18 000 个电子管，运算速度每秒 50 000 次加法运算

2. 笔记本式计算机属于_____。

   A. 大型计算机　　　B. 微型计算机　　　C. 巨型计算机　　　D. 小型计算机

3. _____是指由多个处理单元（不仅是 CPU）执行的计算，是以空间换时间。

   A. 时间上的并行计算　　　　　　　B. 空间上的并行计算

   C. 数据并行计算　　　　　　　　　D. 任务并行计算

4. 下关于防火墙的说法，不正确的是_____。

   A. 防火墙是一种网络隔离技术

   B. 防火墙的主要工作原理是对数据包来源进行检查，阻断被拒绝的数据

   C. 防火墙的主要功能是查杀病毒

   D. 其目的只是能够提高网络的安全性，不可能保证网络绝对安全

5. 下面不属于非对称加密算法的是_____。

   A. DES　　　　　B. Diffie-Hellman　　　C. ECC　　　　　D. RSA

6. 下列关于舍恩伯格对大数据特点的说法中，错误的是_____。

   A. 数据规模大　　　B. 数据类型多样　　　C. 数据处理速度快　　D. 数据价值密度高

7. 关于虚拟现实，_____说法不正确。

   A. 沉浸即临场感，是虚拟现实的特征之一

   B. 虚拟现实不能随意构想客观不存在的环境

   C. 虚拟现实以计算机技术为核心，结合相关科学技术，生成与真实环境在视、听、触感等方面高度近似的数字化环境

   D. 虚拟现实技术具有广阔的可想象空间，可拓宽人类认知范围，可再现真实环境

8. 下列二进制数中与八进制数 53.7 等价的是_____。

   A. 101011.111　　　B. 101100.111　　　C. 110110.101　　　D. 110101.101

9. 计算机中小数点位置不固定的数为_____。

    A．二进制数   B．十进制数   C．浮点数   D．定点数

10. 汉字系统机内码的两个字节中，每个字节的最高位分别是_____。

    A．1和1   B．1和0   C．0和1   D．0和0

11. 下列属于常见的视频文件格式是_____。

    A．AVI、RM、MOV、MPEG   B．DOC、WAV、APE、AVI

    C．MP4、RM、MOV、PPT   D．FLV、WMV、TXT、WAV

12. 一幅尺寸为1 024×768的256色的静态图像大小是_____。

    A．0.75 MB   B．0.6 MB   C．0.45 MB   D．0.5 MB

13. RAM 的特点是_____。

    A．只能读取数据，不能写入数据   B．只能写入数据，不能读取数据

    C．既能读取数据，又能写入数据   D．断电后数据不会消失

14. 以下外设中，既可作为输入设备又可作为输出设备的是_____。

    A．绘图仪   B．键盘   C．磁盘驱动器   D．激光打印机

15. 微型计算机配置高速缓冲存储器主要是为了解决_____。

    A．主机与外设之间速度不匹配问题

    B．CPU 与辅助存储器之间速度不匹配问题

    C．内存储器与辅助存储器之间速度不匹配问题

    D．CPU 与内存储器之间速度不匹配问题

16. 按照计算机所传输的信息种类，总线可以划分_____。

    A．数据总线、传输总线和通信总线   B．地址总线、逻辑总线和信号总线

    C．控制总线、地址总线和运算总线   D．数据总线、地址总线和控制总线

17. 计算机指令中的_____指出参与操作的数据在存储器中的地址。

    A．地址指令   B．操作码地址   C．操作码   D．操作数地址码

18. 软件与程序的区别是_____。

    A．程序价格便宜，软件价格昂贵

    B．程序是用户自己编写的，而软件是由软件厂家提供的

    C．程序是用高级语言编写的，而软件是由机器语言编写的

    D．软件是程序以及开发、使用和维护所需要的所有文档总称，而程序只是软件的一部分

19. 下列各组软件中，都属于应用软件的是_____。

    A．图书管理软件、Windows XP、C/C++

    B．Photoshop、Flash、QQ   C．Access、UNIX、QQ

    D．Windows 7、Office 2010、视频播放器软件

20. 学生机房的计算机都连接到同一个交换机而形成一个小型的网络，这是_____网络。

    A．LAN   B．WAN   C．MAN   D．CERNET

21. 组成局域网的硬件有计算机、_____、传输介质及网络互连设备。

    A．网络操作系统   B．网络终端   C．网卡   D．MODEM

22. 下列关于网络协议说法正确的是_____。

　　A. 网络使用者之间的口头协定

　　B. 网络协议是通信双方共同遵守的规则、标准或约定

　　C. 所有网络采用相同的通信协议

　　D. 两台计算机如果不使用同一种语言，则它们之间不能通信

23. TCP/IP 体系结构的第三层是_____。

　　A. 传输层　　　　　　B. 应用层　　　　　　C. 网络层　　　　　　D. 网际层

24. 由网络中若干结点首尾相接形成一个闭合的环，这种拓扑结构为_____。

　　A. 总线拓扑结构　　　B. 环状拓扑结构　　　C. 树状拓扑结构　　　D. 星状拓扑结构

25. 下列计算机网络的传输介质中，数据传输速度最快的是_____。

　　A. 双绞线　　　　　　B. 光缆　　　　　　　C. 同轴电缆　　　　　D. 电话线

26. 下列四项中，_____不是有效的 IP 地址。

　　A. 116.124.27.8　　　B. 207.12.0.69　　　C. 160.289.13.65　　　D. 51.7.86.49

27. 域名与 IP 地址通过_____服务器进行转换。

　　A. E-mail　　　　　　B. WWW　　　　　　C. FTP　　　　　　　D. DNS

28. 关于CNKI中国知网以下说法不正确的是_____。

　　A. 查询某项先进技术的成果转化情况

　　B. 进行论文的查新查重　　　　　　　　C. 申请专利时防止重复申请

　　D. 只可以查看期刊中文和外文相关文献

29. 用户要将自己的计算机接入 Internet，首先要选择一个合适的_____申请一个账号。

　　A. 邮局　　　　　　　　　　　　　　　B. 银行

　　C. 因特网服务提供商　　　　　　　　　D. 政府机关

30. 通过计算机网络收发电子邮件，不需要做的工作是_____。

　　A. 将本地计算机与 Internet 网连接　　　B. 拥有自己的电子邮箱

　　C. 如果是发邮件，需要知道接收者的 E-mail 地址

　　D. 启动 Telnet 远程登录到对方主机

模块2　Python 程序设计（共 70 分）

（一）单选题（每题1分，共 20 分）

1. 下列有关注释语句的说法不正确的是_____。

　　A. 在程序运行过程中不运行　　　　　　B. 在程序运行时会显示出来

　　C. 可以出现在程序的任何位置　　　　　D. 是程序重要内容，对理解程序很重要

2. 下列_____变量名在 Python 中是不合法的。

　　A. data_3　　　　　　B. 成绩　　　　　　　C. 5num　　　　　　　D. my 姓名

3. 下列不合法的布尔表达式是_____。

　　A. x in range(6)　　　B. 3=a　　　　　　　C. e>5 and 4==f　　　D. (x-6)>5

4. 在列表 t=[17，22，20，14，27] 中，数据元素 14 的索引位置是_____。

　　A. 1　　　　　　　　　B. 3　　　　　　　　　C. 4　　　　　　　　　D. 5

5. 下列语句不能输出"张三同学的英语成绩是 90 分"的是_____。

    A. print('{name}同学的英语成绩是{score}分 '.format(name='张三',score=90))

    B. print('{name}同学的英语成绩是{score}分 '.format(score=90,name='张三'))

    C. print('{}同学的英语成绩是{}分 '.format('张三',90))

    D. print('{}同学的英语成绩是{}分 '.format(90,'张三'))

6. 字符串 s='x\ny\tza '，则 len(s) 的值是_____。

    A. 7   B. 6   C. 5   D. 4

7. 已知 a=3，b=5，下列语句可以实现将 a 和 b 的值互换的是_____。

A. a=b	B. b=a	C. temp=a	D. temp=a
b=a	a=b	b=a	a=b
		a=temp	b=temp

8. 下面这段 Python 循环语句执行了_____次。

```
n=0
for i in range(1,6):
    n=n+i
```

    A. 0   B. 5   C. 6   D. 无限次

9. 已知 x=43，ch='A'，y=1，则表达式 (x>=y and ch<'b' and y) 的值是_____。

    A. 0   B. 1   C. 出错   D. True

10. 以下程序运行后的输出结果是_____。

```
x=2.0
if x<0.0:
    y=0.0
elif x<10.0:
    y=1/x
else:
    y=1.0
print("y=%s"%y)
```

    A. y=0.0   B. y=0.25   C. y=0.5   D. y=1.0

11. 以下程序运行后的输出结果是_____。

```
s=0
for i in range(1,10,3):
    s=s+i
print("s=",s)
```

    A. s= 22   B. s= 12   C. 22   D. 12

12. 以下关于函数说法正确的是_____。

    A. 函数的实际参数和形式参数必须同样数量和名字

    B. 函数的形式参数既可以是变量也可以是常量

    C. 函数的实际参数不可以是表达式

    D. 函数的实际参数可以是其他函数的调用

13. 以下说法不正确的是_____。

A．在不同函数中可以使用相同名字的变量

B．函数可以减少代码的重复，也使得程序可以更加模块化

C．主调函数内的局部变量，在被调函数内不赋值也可以直接读取

D．函数体中如果没有 return 语句，也会返回一个 None 值

14. 执行下列程序后的输出结果是_____。

```
def Sum(x):
    s=0
    for i in x:
        s+=i
    return s
t=[2,4,6,8,10]
print(Sum(t))
```

A．18　　　　　　B．12　　　　　　C．20　　　　　　D．30

15. 下列可以读取文件的方法是_____。

A．read()　　　　B．readline()　　　C．readlines()　　　D．以上都对

16. Python标准库Time中的_____函数作用是获取当前时间，并返回一个人类可读方式的字符串。

A．time()　　　　B．ctime()　　　　C．gmtime()　　　　D．strftime(tpl,ts)

17. 执行下面命令后不可能输出的结果是_____。

```
>>> import random
>>> print(round(radom.random(),1))
```

A．0.5　　　　　　B．0.6　　　　　　C．0.2　　　　　　D．1.3

18. 下列说法错误的是_____。

A．NumPy提供了真正的数组功能，以及对数据进行快速处理的函数

B．NumPy 数组的维数称为秩（rank），秩就是轴的数量，即数组的维度

C．Pandas的两个主要数据结构：Series和ndarray。

D．Pandas的index对象是不可修改的（immutable），因此用户不能对其进行修改。

19. 返回DataFrame对象的列索引，使用属性_____。

A．index　　　　B．columns　　　　C．values　　　　D．shape

20. 执行下面命令后输出结果是_____。

```
>>> import pandas as pd
>>> s= pd.Series([1, -3, 5, -7], index=['b','a','d','c'])
>>> s['d']
```

A．1　　　　　　B．–3　　　　　　C．5　　　　　　D．–7

（二）判断题（对√错 ×，每题1分，共10分）

1. 可以使用 \ 符号把一行过长的 Python 语句分解成几行。　　　　（　　）

2. Python 变量名区分大小写，所以 student 和 Student 不是同一个变量。（　　）

3. 已知 x= 3，那么赋值语句 x='abcedfg'是无法正常执行的。　　　（　　）

4. 在循环结构中，continue 语句的作用是跳出当前循环。　　　　（　　）

5. Python 运算符 % 不仅可以用来求余数，还可以用来格式化字符串。 （   ）

6. Python 函数的参数传递可以传不可变对象和传可变对象。 （   ）

7. Python 提供了 rename() 方法用于重命名文件或目录。 （   ）

8. Python内置库里的函数不需要import就可以调用。 （   ）

9. WordCloud（词云）是Python中一个非常优秀的第三方词云展示库。 （   ）

10. Pandas使用浮点值NaN（Not a Number）表示浮点和非浮点数组中的缺失数据。 （   ）

（三）填空题（每空 2 分，共 20 分）

1. Python 使用符号"#"标示单行注释；多行注释使用符号____①____将注释括起来。

2. 设 s='abcdefg'，s[3:5] 值是____②____。

3. 在函数内部可以通过关键字____③____来定义全局变量。

4. Python标准库random中的____④____方法作用是从序列中随机选择一个元素。

5. NumPy 数组的维数称为____⑤____，就是轴的数量，即数组的维度。

6. 编写插入函数，将从键盘接收的整数插入到一个排好序的列表中。请在横线处填上正确的语句。

```
def insertlist(L1,x):
    if x> _____⑥_____:
        L1.append(x)
        return
    for i in range(0,len(L1)):
        if x<L1[i]:
            _____⑦_____
            break
    return
L1=[6,13,27,36,48,57,61,73,82,98]
n=int(input('请输入一个要插入的整数: '))
    _____⑧_____
print(L1)
```

7. 编写函数，求 1/2+1/4+…+1/t，其中分母都是偶数。请在横线处填上正确的语句。

```
def peven(x):
    i=0
    s=0.0
    for i in range(2,x+1,2):
        _____⑨_____
    return s
x=int(input('input a number:\n'))
    _____⑩_____
print(sum)
```

（四）编程题（每题10分，共 20 分）

1. 编程实现鸡兔同笼问题：一笼鸡和兔子，鸡和兔子的头一共有35个，鸡和兔子的脚一共有94只，鸡和兔子各有几只。

2. 编写函数实现：如果字符串包含字母a，则过滤a再输出该字符串。如输入abcad，则输出为bcd，并统计a的个数。编写主程序调用该函数。

模块3　多媒体技术及应用（共 70 分）

（一）单选题（每题 1 分，共 30 分）

1. 下列文件格式可以有多个图层的是_____。
   A．GIF　　　　　　　B．JPEG　　　　　　C．Photoshop　　　　D．BMP

2. 下列工具可以选择连续的相似颜色区域的是_____。
   A．矩形选框工具　　B．魔棒工具　　　　C．椭圆选框工具　　D．磁性套索工具

3. _____不是 Photoshop CC 多边形工具组中的工具。
   A．自定形状工具　　　　　　　　　　　B．直线工具
   C．矩形工具　　　　　　　　　　　　　D．多边形套索工具

4. 使用图层样式可以为图像增添各种修饰属性，以下_____不是图层样式的内容。
   A．光泽　　　　　　　B．渐变叠加　　　　C．描边　　　　　　D．饱和度

5. 裁剪工具可以通过_____个结点来调整图像选择区域的大小和旋转角度。
   A．8　　　　　　　　　B．6　　　　　　　　C．4　　　　　　　　D．2

6. 通过下面_____方法不能创建路径。
   A．使用弯度钢笔工具　　　　　　　　　B．使用自由钢笔工具
   C．使用添加锚点工具　　　　　　　　　D．先建立选区，再将其转换为路径

7. 下列命令中不可以选择像素的是_____。
   A．套索工具　　　　　B．魔棒工具　　　　C．色彩范围　　　　D．羽化

8. 在图层面板中，图层蒙版可用图层略缩图右边的附加略缩图显示。该略缩图代表添加图层蒙版创建的_____。
   A．Alpha 通道　　　　B．专色通道　　　　C．灰度通道　　　　D．复合通道

9. 在 Photoshop CC 中，通道有自己单独的一个面板。通道面板显示了图像中的所有通道。对于 RGB、CMYK 和 Lab 图像，通道面板首先列出_____。
   A．专色通道　　　　　B．Alpha 通道　　　C．复合通道　　　　D．RGB 通道

10. 蒙版是一种选区，但与常规选区又不同。常规选区是对选区进行编辑处理，蒙版则是对选区进行保护。下面_____不是 Photoshop CC 的蒙版。
    A．快速蒙版　　　　　B．图层蒙版　　　　C．编辑蒙版　　　　D．剪贴蒙版

11. 以下_____不是网页的常用元素。
    A．表单　　　　　　　B．表格　　　　　　C．DIV　　　　　　D．视频

12. HTML 提供了一系列的表单控件，用于定义不同的表单功能。以下不属于表单控件的是_____。
    A．input 控件　　　　B．多行文本框　　　C．样式框　　　　　D．下拉列表

13. HTML 以_____标签表示排序列表开始，以 <li>…</li> 标签对罗列列表项。
    A．<ol>　　　　　　　B．<ul>　　　　　　C．
　　　　　　D．<dd>

14. 在 HTML 中，设置一个 E-mail 超链接，_____是正确的。
    A．mail:abc@263.net　　　　　　　　　B．http:abc@263.net
    C．ftp:abc@263.net　　　　　　　　　　D．mailto:abc@263.net

15. _____标签对用来创建表格行。

    A. `<th></th>`   B. `<tr></tr>`   C. `<td></td>`   D. `<table></table>`

16. 标题标签 `<hn>` 显示的网页文本会自动换行并且_____显示。

    A. 倾斜   B. 居中   C. 右对齐   D. 加粗

17. 在 HTML 中，特殊符号以"&"开始，以";"结束，中间为相关字符。例如，版权©的特殊符号表示为_____。

    A. ©   B. ®   C. "   D. &

18. 超链接标签 `<a href= > </a>` 中，URL 按链接路径的不同，可以分为绝对路径、相对路径和_____。

    A. 空路径   B. null   C. 空格路径   D. space

19. 启动 Dreamweaver CC 后，当新建或打开一个网页文件时，其工作界面不包括_____。

    A. 文档工具栏   B. 标准工具栏   C. 标签选择器   D. 预览窗

20. Dreamweaver CC 可以在本机上建立和管理_____站点。

    A. 多个   B. 三个   C. 两个   D. 一个

21. 在网页源代码中_____标记必不可少。

    A. `<html>`   B. `<p>`   C. `<table>`   D. `<r>`

22. 关于`<table>`标记的叙述，错误的是_____。

    A. 使用`<table>`标记可以控制页面布局

    B. 使用`<table>`标记可以设置表格的对齐方式

    C. `<table>`标记的cellspacing属性可以使单元格更大

    D. `<table>`标记的width属性值既可以是百分比，也可以是具体的数值

23. 在HTML中，下面是段落标签的是_____。

    A. `<html></html>`   B. `<head></head>`   C. `<body></body>`   D. `<p></p>`

24. 常用的网页布局方法不包含_____。

    A. DIV+CSS 布局   B. 表格布局   C. Grid 布局   D. 链接布局

25. HTML 文档中的每个盒子都可以看成是从内到外的四个部分构成，以下_____不是盒子的构成部分。

    A. 内容区域   B. 表格区域   C. 填充   D. 边框

26. 在 HTML 中，文档_____就是指包含当前文件的文件夹，也就是以当前网页所在文件夹位置来计算的路径。

    A. 相对路径   B. 绝对路径   C. 文件路径   D. 文件夹路径

27. 在 Dreamweaver CC 中，用十六进制来表示颜色，下列_____表示白色。

    A. #FF0000   B. #00FF00   C. #0000FF   D. #FFFFFF

28. 关于CSS以下叙述错误的是_____。

    A. CSS的中文意思是层叠样式表，简称样式表

    B. CSS可以精确地控制网页里的每一个元素

    C. 一个HTML网页文件只能应用一个CSS文件

    D. CSS文件可以单独保存而不必和HTML文件合并在一起

29. 下列关于外部样式表的说法错误的是_____。

　　A．外部样式表是相对于内部样式表而言的，它实际上是一个扩展名为 .css 的文件

　　B．外部样式表文件里面一定要有 <link> 语句，表示超链接到调用它的 HTML 文件

　　C．同一个外部样式表可以被多个网页甚至是整个网站的所有网页所采用

　　D．独立于 HTML 页面，放置于网站文件夹内某个位置

30. 在 Dreamweaver CC 中，设置站点内超链接时，可以使用相对 URL 和绝对 URL。如果要链接站点以外的文件时，则必须使用_____。

　　A．href　　　　　　B．超链接　　　　　C．相对 URL　　　　D．绝对 URL

（二）判断题（对√错 ×，每题1分，共 10 分）

1．斜面和浮雕效果样式中只有内斜面、外斜面两种。　　　　　　　　　　　（　　）

2．float浮动可设置对象靠左与靠右浮动样式，可以实现让div、span等标签居左居右浮动。

　　　　　　　　　　　　　　　　　　　　　　　　　　　　　　　　　　（　　）

3．Photoshop CC 的源文件格式是 PSB。　　　　　　　　　　　　　　　　（　　）

4．在 Photoshop CC 中，按【Ctrl+Z】组合键可以快速撤销最近的一步操作。　（　　）

5．在浏览网页时，为了使所设计的表格不显示边框，应该设置：border=null。（　　）

6．HTML 使用 <video> 标签来实现网页中播放视频文件。　　　　　　　　（　　）

7．超链接是网络上主机之间进行文件传输的用户级协议。　　　　　　　　　（　　）

8．在站点中建立新的网页文件，其扩展名一定为 .html。　　　　　　　　　（　　）

9．在表格的表单中可以插入另一个表格，这称为表格的嵌套。　　　　　　　（　　）

10．DIV 与其他 HTML 标签一样，是一个 HTML 支持普通标签，使用时以 <div> </div> 形式出现。　　　　　　　　　　　　　　　　　　　　　　　　　　　　　　　（　　）

（三）填空题（每题2分，共 20 分）

1．列车时刻表页面lcskb.html的显示效果如下图所示，请在网页的HTML代码标号处填写代码或填写代码注释。

站名	到站时间	开车时间
苏州	11:10	11:30
杭州	15:30	15:50

lcskb.html代码如下：

```
<!   ①   html>
<html>
<head>
<meta http-equiv="Content-Language" content="zh-cn">
<meta http-equiv="Content-Type" content="text/html; charset=gb2312">
<title>列车时刻表   ②   
</head>
<body bgcolor="#FFFFFF">     /*   ③   */请描述本行代码的具体作用
<table border="1" width="500px" id="table1">
  <tr>
      <td align="center"><font size="5pt">站名</font></td>
      /*   ④   */请描述本行代码具体作用
```

```
        <td align="center"><font size="5pt">到站时间 </font></td>
        <td align="center"><font size="5pt">开车时间 </font></td>
    </tr>
    <tr>
        <td align="center"><font size="5pt">苏州 </font></td>
        <td align="center"><font size="5pt">11:10</font></td>
        <td align="center"><font size="5pt">11:30</font></td>
    </tr>
    <tr>
        <td align="center"><font size="5pt">杭州 </font></td>
        <td align="center"><font size="5pt">15:30</font></td>
        <td align="center"><font size="5pt">15:50</font></td>
    </tr>
</table>
</body>
</html>
```

2. 网页apple.html的显示效果如下图所示，请在网页的HTML代码标号处填写代码或填写代码注释。

apple.html代码如下：

```
<!doctype html>
<html>
<head>
<meta charset="utf-8">
<title>苹果的功效 </title>
<style type="text/css">
#box- apple {
    font-family: "楷体";
    font-size: 16px;
    width: 800px;
    margin-top: 0px;
    margin-right: auto;
    margin-left: auto;
}        /*_____⑤_____*/ 请描述 #box-apple 这段代码的具体作用
#text-1 {
    line-height: 20px;
```

```
    }
    #box-apple #yejiao {
        height: 25px;
        font-size: 10px;
        line-height: 25px;
        background-color: #F8A303;
        text-align: center;
    }
    </style>
        ⑥
    <body>
    <div id=" ⑦ ">
        <header id="yemei"><img___⑧___="image/pg.jpg" width="801"
height="222" alt=""/></header>
        <article id="text">
            <h1 style="text-align: center"> 苹果的功效 </h1>
            <section id="one">
                <p> 苹果是蔷薇科苹果亚科苹果属植物，其树为落叶乔木。苹果营养价值很高，富含矿物质
和维生素，含钙量丰富，有助于代谢掉体内多余盐分，苹果酸可代谢热量，防止下半身肥胖。</p>
            </section>
            <section id="two">
                <p> 苹果是一种低热量的食物，每100克产生大约 60 千卡左右的热量。苹果中营养成分
可溶性大，容易被人体吸收，故有 "活水" 之称。它有利于溶解硫元素，使皮肤润滑柔嫩。</p>
                ⑨
        </article>
        < ___⑩___ id="yejiao"> 若有意见和建议，请联系我们：lianxi@163.com</footer>
    </div>
    </body>
    </html>
```

（四）问答题（每题5分，共 10 分）

1. 什么是蒙版？蒙版的作用是什么？蒙版有哪几种类型？
2. 网页和网站指的是什么？它们有何区别？

参考答案

习题参考答案

第 1 章 计算机概论

1. A　2. C　3. B　4. C　5. B　6. C　7. A　8. D　9. D　10. C

11. C　12. A　13. D　14. C　15. D　16. B　17. A　18. B　19. A　20. A

21. C　22. B　23. B　24. D　25. C　26. B　27. D　28. C　29. A　30. A

31. B　32. B　33. C　34. D　35. A　36. D　37. C　38. D　39. B　40. A

41. C　42. D　43. D　44. A　45. D　46. D　47. D　48. C　49. C　50. A

51. D　52. B　53. A　54. D　55. B　56. A　57. B　58. B　59. A　60. B

61. C　62. C　63. D　64. A　65. B　66. B　67. C　68. A　69. A　70. A

71. B　72. D　73. D　74. D　75. A　76. D　77. B　78. D　79. B　80. C

81. A　82. A　83. C　84. C　85. D　86. B　87. D　88. A　89. A　90. C

91. A　92. A　93. D　94. C　95. B　96. D　97. A　98. B　99. D　100. B

101. D　102. C　103. B　104. C　105. B　106. C　107. A　108. D　109. B　110. B

111. A　112. D　113. A　114. D　115. A　116. B　117. D　118. D　119. C　120. D

121. D　122. A　123. A　124. C　125. C　126. A　127. A　128. C　129. D　130. A

131. B　132. C　133. D　134. A　135. D　136. A　137. D　138. A　139. D　140. C

141. C　142. D　143. D　144. A　145. A　146. A　147. D　148. D　149. A　150. C

151. A　152. A　153. A　154. D　155. A　156. B　157. D　158. D　159. B　160. C

161. C　162. D　163. A　164. D　165. C　166. A　167. C　168. B　169. A　170. C

171. B　172. A　173. B　174. D　175. D　176. B　177. A　178. A　179. D　180. A

181. B　182. C　183. D　184. D　185. D　186. A　187. A　188. B　189. C　190. B

191. A　192. A　193. B　194. C　195. B　196. C　197. B　198. A　199. A　200. B

201. D　202. C　203. B　204. B　205. D　206. A　207. A　208. D　209. B　210. C

211. D　212. C　213. B　214. B　215. D　216. C　217. D　218. C　219. B　220. A

221. C　222. C　223. D　224. D　225. D　226. B　227. C　228. D　229. A　230. D

231. D　232. B　233. B　234. D　235. D　236. C　237. C　238. B　239. B　240. B

241. B　242. C　243. B　244. B　245. B　246. A　247. B　248. C　249. C　250. D

251. D　252. C　253. D　254. C　255. C

第 2 章　初 识 网 络

1. A　2. D　3. D　4. D　5. D　6. C　7. A　8. C　9. B　10. A

11. B　12. C　13. C　14. A　15. D　16. D　17. D　18. C　19. B　20. D

21. C　22. B　23. C　24. B　25. D　26. B　27. C　28. C　29. A　30. A

31. A　32. D　33. B　34. A　35. C　36. C　37. B　38. C　39. D　40. D

41. C　42. C　43. B　44. D　45. A　46. C　47. D　48. C　49. D　50. B

51. D　52. B　53. C　54. A　55. B　56. A　57. C　58. A　59. C　60. C

61. A　62. D　63. A　64. A　65. D　66. C　67. D　68. A　69. B　70. D

71. C　72. D　73. A　74. B　75. C　76. B　77. C　78. C　79. D　80. C

81. A　82. B　83. C　84. A　85. D　86. C　87. D　88. D　89. D　90. A

91. A　92. C　93. C　94. A　95. D　96. C　97. C　98. C　99. D　100. D

101. A　102. A　103. A　104. B　105. D　106. D　107. D　108. D　109. B　110. C

111. B　112. B　113. C　114. D　115. A　116. B　117. D　118. B　119. D　120. A

121. C　122. B　123. A　124. B　125. B　126. D　127. C　128. A　129. A　130. D

131. D　132. D　133. A　134. C　135. D　136. C　137. C　138. A　139. D　140. D

141. B　142. C　143. D　144. C　145. C　146. A　147. A　148. B　149. D　150. A

151. D　152. B　153. A　154. C　155. B　156. A　157. D　158. D　159. C　160. B

161. C　162. A　163. B　164. C　165. A

第 3 章　Python 程序设计入门

一、单选题

1. C　2. B　3. D　4. B　5. D　6. C　7. D　8. D　9. C　10. B

11. D　12. B　13. C　14. D　15. D　16. B　17. B　18. A　19. A　20. C

21. B　22. B　23. D　24. B　25. D　26. D　27. B　28. A　29. D　30. C

31. B　32. A　33. C　34. B　35. D　36. C　37. A　38. D　39. B　40. A

41. C　42. D　43. D　44. C　45. C　46. C　47. D　48. A　49. B　50. A

51. A　52. B　53. A　54. B　55. D　56. D　57. D　58. B　59. D　60. A

61. B　62. D　63. D　64. B　65. D　66. A　67. A　68. B　69. B　70. B

71. A　72. C　73. B　74. D　75. A　76. C　77. A　78. A　79. D　80. B

81. B　82. A　83. C　84. B　85. B

二、判断题

1. ×　2. √　3. √　4. ×　5. ×　6. √　7. √　8. ×　9. ×　10. √

11. ✓ 12. ✓ 13. ✓ 14. ✓ 15. ✓ 16. × 17. ✓ 18. ✓ 19. ✓ 20. ✓
21. ✓ 22. ✓ 23. × 24. ✓ 25. ✓ 26. × 27. ✓ 28. ✓ 29. ✓ 30. ×
31. ✓ 32. × 33. ✓ 34. ✓ 35. ✓ 36. × 37. × 38. × 39. × 40. ✓
41. × 42. ✓ 43. ✓ 44. ✓ 45. ✓ 46. × 47. ✓ 48. × 49. × 50. ✓

三、填空题

1．#，三个单引号或三个双引号   2．>>>   3．Edit With IDLE   4．import

5．分号   6．Python   7．color()，begin_fill() 和 end_fill()   8．up()

9．6.5   10．2**15-1   11．字符串，元组，列表   12．/，%

13．d，de   14．逗号，冒号   15．大括号，键和值，键   16．[7, 9, 11]

17．换行   18．单引号、双引号、三个单引号或三个双引号   19．break

20．for 循环、while 循环   21．else、if   22．2   23．global

24．None   25．逗号   26．max()   27．6   28．sqrt()

29．sum()   30．open()，close()   31．read() 或 readline() 或 readlines()

32．write() 或 writelines()   33．rmdir()   34．mkdir()   35．chdir()

36．getcwd()

37．① newStr=' '   ② (str[i]>='0') and (str[i]<='9')

38．① x=x//100   ② print(x)

39．① int(number)   ② number%2==0

40．① mark!=0   ② max<mark   41．① len(x)   ② y=y+x[i]

42．① 0,len(str)   ② or   ③ len(s)!=0:   ④ str=str+s[0]

43．① range(1,5)   ② (i!=k) and (i!=j) and (j!=k)

44．① years+=1   ② y*(1+0.0435)

45．① day=9   ② x=(x+1)*2   46．① range(2,y)   ② x%i

47．① max=min=0   ② array[x]>array[max]   ③ k=max   ④ 0,len(numbers)
   ⑤ max_min(array)   48．① range(0,n-1)   ② a,b=b,a+b

49．① capital+=1   ② i>='0' and i<='9'

50．① f.writelines(r)   ② fp.read()

51．① string.upper()   ② open('est.txt','r')

52．① except Exception as err: ②finally:

四、编程题（略）

第 4 章　Python 计算生态和数据智能分析

一、单选题

1．D   2．B   3．C   4．B   5．A   6．A   7．C   8．D   9．D   10．D
11．C   12．A   13．A   14．D   15．D   16．D   17．D   18．D   19．A   20．B
21．C   22．D   23．C   24．C   25．D   26．C   27．D   28．B   29．A   30．B
31．B   32．C   33．D   34．D   35．A   36．A   37．C

二、判断题

1. ×　　2. ✓　　3. ×　　4. ✓　　5. ✓　　6. ✓　　7. ✓　　8. ×　　9. ×　　10. ✓

11. ×　　12. ×　　13. ✓

三、填空题

1. pip　　　　　　2. values，　index　　　　3. 不重复　　　　4. choice

5. len(s)，len(jieba.lcut(s))　　　6. 4，200，d+90，d

7. %Y年%m月%d日%H时%M分%S秒　　8. to_datetime

四、编程题

1. 参考代码如下：

```
import turtle
for i in range(4):
    turtle.circle(-90,90)
    turtle.right(180)
```

2. 参考代码如下：

```
import random
x=[random.randint(0,100) for i in range(20)]
print(x)
x.sort(reverse=True)
print(x)
```

3. 参考代码如下：

```
import random
def lucky_money(money, num):
    ret=random.sample(range(1, money * 100), num-1)
    ret.sort()
    ret.insert(0, 0)
    ret.append(money * 100)
    lucky=[]
    for i in range(len(ret)-1):
        m=ret[i + 1]-ret[i]
        lucky.append(m/100)
    return lucky
    for money in lucky_money(200, 10):
        print(money)
```

4. 参考代码如下：

```
import pandas as pd
date=pd.to_datetime('01 Jan 2010')
print(date.year,date.month,date.day)
```
程序运行结果如下所示：
```
2010 1 1
```

5. 参考代码如下：

```
import pandas as pd
p=pd.Series([1, 2, 3, 4, 5, 6, 7, 8, 9, 10])
q=pd.Series([10, 9, 8, 7, 6, 5, 4, 3, 2, 1])
```

```
print(' 两个系列的欧式距离为：',sum((p-q)**2)**.5)
程序运行结果如下所示：
两个系列的欧式距离为： 18.16590212458495
```

6. 参考代码如下：

```
import numpy as np
n=np.zeros(10)
n[4]=1
print(n)
```

第 5 章　图像处理 Photoshop

一、单选题

1. B	2. C	3. A	4. C	5. B	6. A	7. D	8. C	9. D	10. D
11. C	12. A	13. D	14. A	15. C	16. A	17. B	18. B	19. A	20. B
21. A	22. C	23. C	24. B	25. D	26. D	27. D	28. D	29. C	30. A
31. B	32. D	33. D	34. B	35. C	36. D	37. B	38. D	39. C	40. B
41. A	42. D	43. B	44. A	45. C	46. B	47. D	48. B	49. B	50. D
51. D	52. B	53. B	54. B	55. A	56. C	57. A	58. A	59. B	60. B
61. D	62. B	63. D	64. B	65. A	66. C	67. B	68. D	69. B	70. A
71. C	72. D	73. B	74. C	75. A	76. B	77. D	78. D	79. B	80. C
81. C	82. B	83. A	84. A	85. B	86. C	87. D	88. B	89. A	90. C
91. B	92. D	93. C	94. B	95. A	96. B	97. A	98. C	99. C	100. B
101. A	102. C	103. B	104. B	105. A	106. B	107. A	108. B	109. C	110. D

二、判断题

1. ×	2. ×	3. ✓	4. ✓	5. ✓	6. ×	7. ✓	8. ✓	9. ✓	10. ✓
11. ✓	12. ×	13. ×	14. ✓	15. ✓	16. ✓	17. ✓	18. ×	19. ✓	20. ×
21. ×	22. ✓	23. ✓	24. ✓	25. ✓	26. ×	27. ✓	28. ✓	29. ×	30. ✓
31. ✓	32. ✓	33. ✓	34. ✓	35. ✓	36. ✓	37. ✓	38. ×	39. ✓	40. ×
41. ✓	42. ✓	43. ✓	44. ✓	45. ×	46. ✓	47. ✓	48. ✓	49. ✓	50. ✓
51. ✓	52. ✓	53. ✓	54. ✓	55. ✓	56. ✓	57. ✓	58. ✓	59. ✓	60. ✓
61. ✓	62. ✓	63. ✓	64. ✓	65. ×	66. ×	67. ✓	68. ✓	69. ✓	70. ✓
71. ✓	72. ✓	73. ✓	74. ✓	75. ✓	76. ✓	77. ×	78. ✓	79. ✓	80. ×
81. ✓	82. ×	83. ×	84. ✓	85. ✓	86. ✓	87. ✓	88. ✓	89. ✓	90. ✓

三、填空题

1. PSD　　　2. PNG　　　3. 黑色；白色

4. 径向渐变、线性渐变、菱形渐变、对称渐变、角度渐变　　　5. 色相、饱和度、亮度

6. 【Ctrl+ +】；【Ctrl+ -】　　　7. 背景橡皮擦或魔术橡皮擦　　　8. 吸管　　　9. 【F5】

10. 污点修复画笔　　　11. 【Ctrl+L】；【Ctrl+M】　　　12. 复合；单色；蓝色

13. 横排文字工具、直排文字工具、横排文字蒙版工具、直排文字蒙版工具

14. 横排蒙版文字；直排蒙版文字　　　15. 橡皮擦　　　16. 颜色信息；选区

17.【Shift】；【Alt】 18. 打印；没有 19.【Ctrl+E】 20.【F】；【Tab】 21.【Shift】

22. 300；CMYK；72；RGB 23.【Alt+Shift】 24. 允许非线性历史记录

25.【Shift】 26. D 27.【Alt】 28. 图像大小

29. 缩放工具 30. 黑色画笔 31.【Ctrl+Shift+I】 32.【Ctrl+D】

33. 图层组 34. 正片叠底 35. 0% 36. 叠加 37. 柔光

38. 滤色 39.【Alt】 40.【Shift】 41. 颜色；Alpha；专色

42.【Alt+Ctrl+F】 43.【Shift+Ctrl+R】 44. 抽出 45.【F7】 46. 白

47. 曲线型 48. 平滑曲线锚点；不平滑曲线锚点 49. 添加锚点

50. 色相；颜色；饱和度或明度 51. 透明 52.【Alt】 53.【Shift】

54.【Shift】 55.【Shift+M】 56. 对称 57. 变暗 58. 越大

59.【Ctrl+Shift+J】 60.【]】 61. RGB色彩 62. 风格化

四、问答题（略）

第 6 章　Web 前端网页设计

一、单选题

1. A 2. D 3. A 4. B 5. C 6. B 7. C 8. B 9. D 10. D
11. C 12. C 13. A 14. A 15. A 16. D 17. A 18. C 19. C 20. B
21. A 22. A 23. C 24. D 25. A 26. D 27. D 28. A 29. D 30. A
31. D 32. B 33. C 34. D 35. C 36. C 37. C 38. C 39. D 40. D
41. D 42. A 43. C 44. B 45. D 46. C 47. C 48. A 49. D 50. A
51. C 52. C 53. A 54. C 55. B 56. C 57. A 58. B 59. B 60. B
61. B 62. C 63. A 64. B 65. D 66. C 67. C 68. C 69. C 70. C
71. D 72. B 73. A 74. B 75. A 76. A 77. A 78. B 79. B 80. C
81. D 82. C 83. D 84. A 85. D 86. C 87. A 88. C 89. C 90. A
91. B 92. A 93. A 94. C 95. C 96. C 97. A 98. C 99. A 100. A
101. A 102. B 103. C 104. C 105. D 106. B 107. A 108. C 109. B 110. A
111. B 112. C 113. B 114. A 115. C 116. A 117. A 118. C 119. B 120. C
121. C 122. A 123. D 124. A 125. C 126. A 127. A 128. B 129. D 130. C

二、判断题

1. √ 2. × 3. √ 4. √ 5. × 6. √ 7. × 8. √ 9. √ 10. √
11. × 12. √ 13. × 14. √ 15. √ 16. × 17. √ 18. × 19. √ 20. ×
21. × 22. √ 23. √ 24. √ 25. √ 26. √ 27. √ 28. × 29. √ 30. √
31. √ 32. × 33. × 34. √ 35. √ 36. × 37. √ 38. × 39. √ 40. √
41. × 42. √ 43. √ 44. √ 45. √ 46. √ 47. √ 48. √ 49. √ 50. √

三、填空题

1. <table></table> 2. <a></a>
3. 内容（content）、边框（border）、填充（padding）和边界（margin）

4．<meta>　　　　5． fffff 或 fff　　　　6．①表格的一行；②表格的一列

7．层叠样式表　　　8．#　　　　9．font-style　　　　10．border-width

11．font-style　　　12． 　　　13．.htm或.html　　　14．index.html

15．<body>　　　16．<title>　　　17．<html>　　　18．font-family

19．margin-right 20．<form>　　　21．bgcolor="black"

22．长度为浏览器窗口宽度一半　　　23．<hr size=2 width=200 align=left >

24.#　　25．自动调整　　26．背景图像　　27. p {font-weight:bold;} 28．fixed

29．15px　　　30．<meta>　　　31．250px　　　32．

33．①1；②2　　　34．<hr color=red>　　35． <h1>广西大学</h1>

36．<table bordercolor=red>　　　37．①1；②居中；③2；④2

38．①<table>；②<td> 39．① rowspan；②colspan

40．元素选择器、类选择器、id选择器　　41．超链接　　　42．客户端；服务器

43．<body background=/img/bg.jpg>　　44．①浏览器窗口宽度；②1；③2；④0

45．<hr width=50% align=center color=red>　　46．设计视图、拆分视图、代码视图

47．4　　　　48．b　　　49．①3；②红；③2；④黑　　50．①左；②50；③100

51．①<s>；② </s>；③；④

52．(a+b)²=a²+b²+2ab

53．① <li>；②</li>；③<li>；④</li>；⑤<li>；⑥</li>

54．我有一件蓝色的衣服

55．style="text-decoration:line-through">

56．①rowspan="2" height="200" align="center"

　　②colspan="2" height="100" align="center"

第7章　IT新技术

1. D　2. A　3. D　4. D　5. B　6. A　7. D　8. B　9. C　10. A
11. D　12. C　13. C　14. B　15. A　16. C　17. A　18. D　19. B　20. C
21. A　22. A　23. C　24. C　25. D　26. C　27. C　28. B　29. A　30. A
31. A　32. D　33. A　34. B　35. D　36. D　37. B　38. C　39. D　40. D
41. A　42. A　43. D　44. B　45. A　46. D　47. D　48. A　49. B　50. A
51. B　52. D

模拟测试题1参考答案

模块1　计算机导论

1. C　2. D　3. A　4. D　5. C　6. C　7. A　8. B　9. B　10. D
11. C　12. C　13. C　14. D　15. C　16. C　17. A　18. D　19. B　20. C
21. C　22. D　23. A　24. D　25. B　26. C　27. C　28. C　29. B　30. C

模块2　Python 程序设计

（一）单选题

1.B	2.D	3.A	4.A	5.B	6.B	7.D	8.A	9.A	10.D
11.B	12.C	13.A	14.A	15.A	16.B	17.C	18.C	19.B	20.A

（二）判断题

1. √　2. ×　3. √　4. √　5. √　6. ×　7. ×　8. ×　9. √　10. √

（三）填空题

① Edit With IDLE　　② 3+5的计算结果是：8　③ break　④ pip
⑤ 精确模式、全模式、搜索引擎模式　　⑥ i<len(s):　⑦ max<sec:
⑧ i=i+1　　⑨ a,b=b,a%b　⑩ t1*t2/a

（四）编程题

1. 参考代码如下：

```python
import math
for i in range(0,10000):
    x=int(math.sqrt(i+100))
    y=int(math.sqrt(i+268))
    if(x*x==i+100) and (y*y==i+268):
        print(i)
```

2. 参考代码如下：

```python
def calday(year,month ,day):
    list1=[31, 28, 31, 30, 31, 30, 31, 31, 30, 31, 30, 31]
    list2=[31, 29, 31, 30, 31, 30, 31, 31, 30, 31, 30, 31]
    sum=0
    if year%400==0 or (year%4==0 and year%100!=0):
        for i in range(month-1):
            sum+=list2[i]
        sum+=day
    else:
        for i in range(month-1):
            sum+=list1[i]
        sum+=day
    return sum
year=int(input(' 输入年份 '))
month=int(input(' 输入月份 '))
day=int(input(' 输入日期 '))
day=calday(year,month ,day)
print(' 这是第 %d 天 ' %day)
```

模块3　多媒体技术及应用

（一）单选题

1. B	2. B	3. B	4. C	5. C	6. D	7. C	8. B	9. D	10. D
11. C	12. B	13. C	14. B	15. A	16. C	17. C	18. D	19. A	20. B
21. C	22. D	23. B	24. A	25. A	26. D	27. D	28. D	29. D	30. B

（二）判断题

1. ×　2. ×　3. ×　4. √　5. ×　6. √　7. √　8. √　9. √　10. √

（三）填空题

① charset　② 表格宽度设为100%，边框粗细设为1像素，单元格边距设为5，单元格间距设为0　③ </td>　④ </body>　⑤ type

⑥ 设置方框宽度为：800px，上下边界都为：0px，左右边界都为：auto　⑦ </style>

⑧ container　⑨ </div>　⑩ </html>

（四）问答题

1. 图层类似于图纸绘图中使用的重叠在一起的一张张透明的图纸，每个图层各自包含不同的文字或图形等元素，透过图层的透明区域可看到下面的图层，一层层按顺序叠放在一起，组合起来形成画面的最终效果。图层中可以加入文本、图片、表格、插件，也可以在里面再嵌套图层。图层可以复制、移动，也可以调整堆叠顺序，改变图层的顺序和属性可以改变图像的最后效果。图层根据其功能和用途的不同，主要分为背景图层、调整图层、文字图层、形状图层、填充图层和普通图层等。

2. CSS（Cascading Styleshee，层叠样式表）是一组样式，用于控制Web页面的外观。它可以有效地对页面的布局、字体、颜色、背景和其他效果实现更加精确的控制。通过使用CSS样式设置页面的格式，可将页面的内容与表现形式分离，易于实现一个网站整体风格的一致性。CSS样式不仅可使维护站点的外观更加容易，而且还可以使HTML文档代码更加简练，缩短浏览器的加载时间，页面对搜索引擎更加友好。

模拟测试题2参考答案

模块1　计算机导论

1. C　2. B　3. B　4. C　5. A　6. D　7. B　8. A　9. C　10. A
11. A　12. A　13. C　14. C　15. D　16. D　17. D　18. D　19. B　20. A
21. C　22. B　23. A　24. B　25. B　26. D　27. D　28. D　29. C　30. D

模块2　Python 程序设计

（一）单选题

1. B　2. C　3. B　4. B　5. D　6. B　7. D　8. B　9. B　10. C
11. B　12. B　13. C　14. D　15. D　16. B　17. D　18. C　19. B　20. C

（二）判断题

1. √　2. √　3. ×　4. ×　5. √　6. √　7. √　8. ×　9. √　10. √

（三）填空题

① 三个单引号或三个双引号　② de　③ global　④ choice　⑤ 秩（rank）

⑥ L1[len(L1)-1]　⑦ L1.insert(i,x)　⑧ insertlist(L1,x)　⑨ s+=1.0/i

⑩ sum=peven(n)

（四）编程题

1. 参考代码如下：

```
a=35
b=94
for x in range(1,a):
    y=a-x
    if 2*x+4*y==b:
        print("鸡有 "+str(x)+" 只 "," 兔有 "+str(y)+" 只 ")
```

2. 参考代码如下：

```
def delstr(str):
    str1=''
  count=0
    for i in str:
        if i=='a':
            count=count+1
            continue
        str1=str1+i
    print(' 去掉 a 后的字符为：',str1)
    print('a 的个数为：%d 个 '%count)
str=input(" 请输入一个字符串： ")
delstr(str)
```

模块3　多媒体技术及应用

（一）单选题

1. C　　2. B　　3. D　　4. D　　5. A　　6. C　　7. D　　8. C　　9. C　　10. C
11. C　　12. C　　13. A　　14. D　　15. B　　16. D　　17. A　　18. A　　19. D　　20. A
21. A　　22. C　　23. D　　24. D　　25. B　　26. A　　27. D　　28. C　　29. B　　30. D

（二）判断题

1. ×　　2. √　　3. ×　　4. √　　5. ×　　6. √　　7. ×　　8. ×　　9. ×　　10. √

（三）填空题

① doctype　　　② </title>　　　③ 页面背景色为白色

④ 单元格内容"站名"居中显示，字体大小为5 pt

⑤ box-apple的DIV及其CSS属性设置字体为楷体，字号为16 px，方框宽度为800 px，上边界为0 px，左右边界都为auto

⑥</head>　　⑦ box-apple　　⑧ src　　　⑨</section>　　⑩ footer

（四）问答题

1. 蒙版是浮在图层上的一块挡板，它本身不包含图像数据，只是对图层的部分数据起遮挡作用。当对图层进行操作处理时,被遮挡的数据将不会受影响。蒙版的作用是将不同灰度值转换为不同的透明度，并作用到它所在的图层，使图层不同部位的透明度产生相应的变化。蒙版主要有快速蒙版、图层蒙版、矢量蒙版和剪贴蒙版等多种类型。

2. 一个网站通常由多个网页页面（Web Page）组成，并通过站内链接把这些网页页面有机结合起来，构成一个内容完整、资源丰富的网站。一个网页就是一个文件，通过浏览器看到的信息就是网页。网页是构成网站的基本元素，网页经由网址（URL）来识别与存取。

参 考 文 献

[1] 劳眷，滕金芳，焦小焦，等.大学计算机实验指导与习题集[M]. 2版.北京：中国铁道出版社，2019.

[2] 坎贝尔，格里斯，蒙托霍，等.Python 编程实践 [M].唐学韬，译.北京：机械工业出版社，2012.

[3] 杨长兴.Python 程序设计教程 [M].北京：中国铁道出版社，2017.

[4] 刘凌霞.21 天学通 Python [M].北京：电子工业出版社，2016.

[5] 徐光侠.Python 程序设计案例教程 [M].北京：人民邮电出版社，2017.

[6] 闫俊伢.Python 编程基础 [M].北京：人民邮电出版社，2016.

[7] 凤凰高新教育.Photoshop CC 实战从入门到精通 [M].北京：北京大学出版社，2017.

[8] 王君学.从零开始：Dreamweaver CC基础培训教程[M].北京：人民邮电出版社，2016.

[9] 唐海军.边用边学Dreamweaver CC网页设计与制作[M].北京：人民邮电出版社，2017.

[10] 刘春茂.Photoshop 网页设计与配色案例课堂[M]. 2版.北京：清华大学出版社，2018.

[11] 莫振杰.Web前端开发精品课HTML CSS JavaScript基础教程[M].北京：人民邮电出版社，2017.

[12] https://www.icourse163.org/course/WSPC-1002698010?tid=1206623220.

[13] https://www.icourse163.org/course/HNRPC-1002597039.

[14] https://www.icourse163.org/course/ZJU-1206449833?tid=1206782249.